京津冀水资源安全保障丛书

缺水地区水权确权方法研究与应用
以河北省为例

马素英 孙梅英 等 著

科学出版社
北　京

内 容 简 介

本书围绕缺水地区如何开展初始水权配置的问题，以河北省为例，在分析水资源开发利用现状、管理现状、水权改革历程等基础上，提出了常规水资源行政配置与非常规水资源市场配置相结合的水权配置模式，构建了多水源、多约束、多层次、多用户倒逼式水权配置模型，提出了缺水地区倒逼式水权确权方法，开发了河北省智能化水权确权支持系统，结合河北省地下水超采综合治理工作，选择成安、临西等县作为试点对研究成果进行示范验证，在全省范围内推广应用。

本书可供从事水资源管理、水环境、管理科学等专业的科研、教学和管理人员参考使用。

图书在版编目(CIP)数据

缺水地区水权确权方法研究与应用：以河北省为例 / 马素英等著.
—北京：科学出版社，2021.3
（京津冀水资源安全保障丛书）

ISBN 978-7-03-067445-6

Ⅰ.①缺⋯　Ⅱ.①马⋯　Ⅲ.①干旱区−水资源管理−研究−河北　Ⅳ.①TV213.4

中国版本图书馆 CIP 数据核字（2020）第 256111 号

责任编辑：王　倩／责任校对：郑金红
责任印制：吴兆东／封面设计：黄华斌

科 学 出 版 社 出版
北京东黄城根北街 16 号
邮政编码：100717
http://www.sciencep.com

北京建宏印刷有限公司 印刷
科学出版社发行　各地新华书店经销

*

2021 年 3 月第 一 版　开本：787×1092　1/16
2021 年 3 月第一次印刷　印张：11 1/2
字数：280 000

定价：168.00 元
（如有印装质量问题，我社负责调换）

"京津冀水资源安全保障丛书" 编委会

《缺水地区水权确权方法研究与应用：以河北省为例》

专家委员会

组　长　张宝全　张栓堂　彭俊岭

副组长　孙　湄　赵　逊　李京善

编写委员会

主　笔　马素英　孙梅英

副主笔　付银环　张　爽　贾兆宾

成　员　张彦宏　崔新玲　程　鹏　张文杰

　　　　彭　鹏　张昀保　李月霞　赵莉花

　　　　尚瑞朝　白振江　刘庆利　张博雄

　　　　蔡建功　李成龙　霍志久　李艳芝

　　　　刘春艳　张召召　刘　婧　郭宝珍

　　　　郭海亮　黄庆武　赵少阳　李晓璐

　　　　段国芳　刘　静　刘长燕　栗惠英

　　　　孙从武

总　　序

京津冀地区是我国政治、经济、文化、科技中心和重大国家发展战略区，是我国北方地区经济最具活力、开放程度最高、创新能力最强、吸纳人口最多的城市群。同时，京津冀也是我国最缺水的地区，年均降水量为538mm，是全国平均水平的83%；人均水资源量为258m³，仅为全国平均水平的1/9；南水北调中线工程通水前，水资源开发利用率超过100%，地下水累积超采1300亿m³，河湖长时期、大面积断流。可以看出，京津冀地区是我国乃至全世界人类活动对水循环扰动强度最大、水资源承载压力最大、水资源安全保障难度最大的地区，京津冀水资源安全解决方案具有全国甚至全球示范意义。

为应对京津冀地区水循环显著变异、人水关系严重失衡等问题，提升水资源安全保障技术短板，2016年，以中国水利水电科学研究院赵勇为首席科学家的"十三五"重点研发计划项目"京津冀水资源安全保障技术研发集成与示范应用"（2016YFC0401400）（以下简称京津冀项目）正式启动。项目紧扣京津冀协同发展新形势和重大治水实践，瞄准"强人类活动影响区水循环演变机理与健康水循环模式"，以及"强烈竞争条件下水资源多目标协同调控理论"两大科学问题，集中攻关四项关键技术，即水资源显著衰减与水循环全过程解析技术、需水管理与耗水控制技术、多水源安全高效利用技术、复杂水资源系统精细化协同调控技术。预期通过项目技术成果的广泛应用及示范带动，支撑京津冀地区水资源利用效率提升20%，地下水超采治理率超过80%，再生水等非常规水源利用量提升到20亿m³以上，推动建立健康的自然-社会水循环系统，缓解水资源短缺压力，提升京津冀地区水资源安全保障能力。

在实施过程中，项目广泛组织京津冀水资源安全保障考察与调研，先后开展20余次项目和课题考察，走遍京津冀地区200县（市、区）。积极推动学术交流，先后召开了4期"京津冀水资源安全保障论坛"、3期中国水利学会京津冀分论坛和中国水论坛京津冀分论坛，并围绕平原区水循环模拟、水资源高效利用、地下水超采治理、非常规水利用等多个议题组织学术研讨会，推动了京津冀水资源安全保障科学研究。项目还注重基础试验与工程示范相结合，围绕用水最强烈的北京市和地下水超采最严重的海河南系两大集中示范区，系统开展水循环全过程监测、水资源高效利用以及雨洪水、微咸水、地下水保护与安全利用等示范。

经过近5年的研究攻关，项目取得了多项突破性进展。在水资源衰减机理与应对方面，系统揭示了京津冀自然-社会水循环演变规律，解析了水资源衰减定量归因，预测了未来水资源变化趋势，提出了京津冀健康水循环修复目标和实现路径；在需水管理理论与方法方面，阐明了京津冀经济社会用水驱动机制和耗水机理，提出了京津冀用水适应性增长规律与层次化调控理论方法；在多水源高效利用技术方面，针对本地地表水、地下水、非常规水、外调水分别提出优化利用技术体系，形成了京津冀水网系统优化布局方案；在水资源配置方面，提出了水-粮-能-生协同配置理论方法，研发了京津冀水资源多目标协同调控模型，形成了京津冀水资源安全保障系统方案；在管理制度与平台建设方面，综合应用云计算、互联网+、大数据、综合集成等技术，研发了京津冀水资源协调管理制度与平台。项目还积极推动理论技术成果紧密服务于京津冀重大治水实践，制定国家、地方、行业和团体标准，支撑编制了《京津冀工业节水行动计划》等一系列政策文件，研究提出的京津冀协同发展水安全保障、实施国家污水资源化、南水北调工程运行管理和后续规划等成果建议多次获得国家领导人批示，被国家决策采纳，直接推动了国家重大政策实施和工程规划管理优化完善，为保障京津冀地区水资源安全做出了突出贡献。

作为首批重点研发计划获批项目，京津冀项目探索出了一套能够集成、示范、实施推广的水资源安全保障技术体系及管理模式，也形成了一支致力于京津冀水循环、水资源、水生态、水管理方面的研究队伍。该丛书是在项目研究成果的基础上，进一步集成、凝炼、提升形成的，是一整套涵盖机理规律、技术方法、示范应用的学术著作。相信该丛书的出版，将推动水资源及其相关学科的发展进步，有助于探索经济社会与资源生态环境和谐统一发展路径，支撑生态文明建设实践与可持续发展战略。

2021 年 1 月

目　　录

第1章 绪 论

1.1 水权改革意义及目的

水权制度是落实我国最严格水资源管理制度的重要市场手段，是促进水资源节约和保护的重要激励机制。党中央国务院多次对水权工作作出明确部署。2011年中央一号文件和2012年国务院三号文件均提出建立和完善国家水权制度，充分运用市场机制优化配置水资源。党的十八大要求积极开展水权交易试点；党的十八届三中全会要求健全自然资源资产产权制度和用途管制制度，对水流等自然生态空间进行统一确权登记，推行水权交易制度。2014年，习近平总书记在听取水安全战略汇报时指出，要推动建立水权制度，明确水权归属，培育水权交易市场。同年，水利部在系统内部印发了《水利部关于开展水权试点工作的通知》（以下简称《通知》），提出在宁夏、江西、湖北、内蒙古、河南、甘肃和广东7个省（区）开展水权试点，为全国推进水权制度改革提供经验借鉴和示范。

河北省是水资源严重短缺的省份，水资源短缺和水环境恶化已经成为制约河北省经济和社会可持续发展的突出问题，引起了各级政府和全社会的高度重视。充分发挥市场在资源配置中的决定性作用，构建行政管理与市场机制相结合的水权制度体系，加快推进河北省水权制度改革，以市场手段实现水资源的优化配置、节约、保护及可持续利用，显得尤为重要和迫切。

目前我国的水权制度改革正处于探索阶段，水权的配置方法、确权形式等关键技术均处于探索阶段，研究对象多以地表水、单一用水户为主；且研究成果受经济条件、水资源管理体制、水资源条件、水利基础设施条件、节水水平等因素影响，具有一定地域性。本研究针对河北省水资源短缺、地域辽阔，各地区地理水文、社会经济条件、种植方式、节水水平差异显著等实际，开展基于河北省实际的水权确权方法研究，旨在研究一套较适宜缺水地区的水权配置方法和确权路径，提出具有科学性、合理性、普适性的缺水地区水权确权方法，为河北省及缺水地区水权制度改革及水资源科学管理提供技术支撑，为建立地下水超采治理长效机制、实现水资源可持续利用提供技术保障。

1.2 水权制度研究现状

1.2.1 国外水权制度研究

国外许多国家以市场经济为基础，根据自身的特点建立了符合本国或本地区实际的水权体系。大多数国家的水权都属国家所有，仅美国东部的水资源（Kimbrell，2004）、英国的地表水、俄罗斯个别零散水体属个人私有。水权确权形式多为发放取水可证。水权配置的方法则和国家水资源的丰沛程度有直接关系，多数采用准则类方法进行配置，水资源丰富地区如英国、美国东部、法国、俄罗斯等国家或地区（Hodgson，2006），主要依据优先占用原则、滨岸权原则、平等用水原则、尊重历史原则等按需分配或平均分配；水资源相对贫乏地区如美国西部（Bennett，2000）、澳大利亚（Brooks and Harris，2008）等国家或地区，通过制定优先顺序市场机制、市场机制进行分配或按用水比例分配（表1-1）。

表 1-1　国外水权制度研究现状

国家或地区		所有权性质	水权配置方法	水权证类型	水资源情况
英国		除私有土地范围内的地表水属私人所有外，其余属国家所有	依据滨岸权原则，按需分配，无特定用水优先顺序	取水许可证	人均地表水占有量为2700m^3
美国	东部	水权私有	沿用滨岸权制度，按需分配	取水许可证	年降水量为 800～1000mm，水资源丰富
	西部	公共水权	采用优先占用权制度，政府以配给方式按先后次序分配到各用水户	取水许可证	年降水量不足500mm
法国		国家所有	依据平等用水原则，按照土地平均分配	取水许可证	人均水资源量约为3600m^3
日本		国家所有	根据时先权先用原则及尊重历史习惯，进行水权分配	水权许可	人均水资源量约为4300m^3
墨西哥		国家所有	按照用水比例分配	取水许可证	水资源分布极不均匀，东南多，中部、北部和西部少
澳大利亚		州政府所有	按照市场机制自由分配	批发水权、许可证和用水权	年平均降水量470mm
俄罗斯		个别零散水体私有外，其余水体均为国家所有	由政府按需分配给用水户	用水许可证	人均水资源量约为96 000m^3

　　总的说来，不管是以私有产权为基础的河岸权和优先占用权制度，还是以公共产权为基础的公共水权制度，都是在不同的历史阶段和水资源状况下发展起来的，对水资源的保护、开发和有效利用都起到了积极的作用，促进了一定时期经济和社会的发展。但是，随着全球人口增长、经济高速发展和污染加剧，水资源短缺问题越来越带有普遍性，上述水权制度也都暴露出不同的缺陷或不足。例如，公共水权制度强调全流域计划配水，但是忽视了用水主体的权益，未建立有效的水权体系，各项权利模糊不清；以私有产权为基础的水权制度虽然产权界定清晰，但缺乏水资源的宏观调控和优化配置。可见，合理有效的水权制度应该是在宏观和微观层次上都达到水资源的优化配置，才可以保证水资源的可持续利用。

1.2.2　国内水权制度研究

　　我国水权制度改革总体来说可以分为四个阶段：萌芽期、探索期、发展期、加速期（图 1-1）。《中华人民共和国宪法》《中华人民共和国水法》《中华人民共和国物权法》《取水许可和水资源费征收管理条例》等法律法规明确提出了"水资源归国家所有"、"单位和个人可依法享有对水资源的占有、使用和收益的权利，即水资源使用权"、承认了"水资源的利益性和价值性"，为水权制度改革提供了法律保障。2009 年回良玉副总理在全国水利工作会议上首次明确提出了实行最严格的水资源管理制度，同年水利部部长陈雷在全国水资源管理工作会议上对最严格的水资源管理制度做了进一步的阐述和部署。这标志着我国水权制度建设进入加速发展期。2011 年中央一号文件、2012 年国务院出台的《关于实行最严格水资源管理制度的意见》、2014 年水利部印发的《水利部关于开展水权试点工作的通知》，为我国推行水权制度改革提供了政策理论依据。

图 1-1　我国水权制度改革发展历程

针对我国水资源短缺、用水矛盾突出等问题，我国不仅在黄河（曹永潇和方国华，2008）、漳河（王治，2010）、晋江（王忠静等，2006）、塔里木河（秦东成，2012）、大凌河（何俊仕，2008）、东江（刘丙军，2009）等多个流域完成了水量分配工作，同时在张掖市、北京市等行政区域内进行了水权制度改革试点工作。水权改革的水源类型以地表水居多，如湖南省湘江流域（曹卫兵，2011）、宁夏盐池扬黄灌区（李刚军等，2007）等，虽也有以区域内可利用水量为配置水源进行配置，如北京市（钟玉秀等，2011）等，但多数均停留在理论研究或典型区域示范阶段，大范围推广应用未见报道；确权对象仅针对农业的居多，如新疆吐鲁番鄯善县（邓亚东和何秉宇，2012）、山东省宁津县长官镇（郭文娟，2017）等，对生活、环境、工业及第三产业和农业不同用水户全部进行确权的，如张掖市（胡洁等，2013）、武威市（王小军，2008）、白银市（王小军，2008）等，多数均停留在理论研究或典型区域示范阶段。我国水权制度改革实践案例见表1-2。

表 1-2 我国水权制度改革实践案例

	案例	配置水源	确权对象	确权层级	配置方法	时间
典型案例	黄河流域	黄河水	行政区	流域内分配到各省、自治区	按用水比例分配	1987年
					应用层次分析和模糊决策理论相结合的方法	2003年
					依据现状、公平、效率和可持续准则，系统确定分配比例	2006年
	漳河	漳河上游水	行政区	流域内分配晋、冀、豫三省	按用水比例和有偿调水分配	1989年
	晋江	晋江下游水	行政区	金鸡拦河闸下游区域分配到各县	10%水量作为预留，余下90%按各县需水量比例进行分配	1996年
	张掖市	黑河水	农业、工业、生活、生态	行政区域内分配到各行业，农业分配到用水户	按照各行业耗水量分配，农业按照灌溉面积分配	2002年
	塔里木河流域	地表水	行政区	流域内分配到各地州、兵团师	按实际来水量与多年平均耗水量相结合进行分配	2003年
	大凌河流域	大凌河水	行政区	流域内分配到各县市	按行业用水定额和耗水量分配	2006年
	东江流域	东江水	行政区	流域内分配到各市，包括香港	依据丰枯年来水量，按各市取用水量指标进行分配	2008年
其他案例	江西省抚河流域	地表水、地下水	行政区	流域内分配县市	按用水定额分配	2005年
	新疆阿克苏河流域	地表水	农业	灌区分配	按需水量分配	2005年

续表

案例		配置水源	确权对象	确权层级	配置方法	时间
其他案例	北京市	区域内可利用量	生活、环境、工业及第三产业、农业	行政区域内分配	按现状和规划用水分配	2006 年
	甘肃省武威市、白银市、酒泉市	地表水、地下水	农业、工业、生活、生态	县（区）内分配	按用水定额分配	2007 年
	新疆格尔木河流域	地表水、地下水	生活、工业、农业、林业	流域内分配到乡镇	按多年平均耗水量分配	2008 年
	湖南省湘江流域	湘江水	行政区	流域内分配到各县市（区）	按各行业综合用水定额分配	2009 年
	新疆吐鲁番鄯善县	地表水、地下水	农业	县域内分配到农户	按灌溉面积分配	2011 年
	山东省宁津县长官镇	地表水	农业	区域内将灌区水量分配到农户	将 90% 用水指标按户数、耕地面积分配到用水户	2013 年
	新疆吉木萨尔县	地表水、地下水	农业	灌区分配	按二轮承包地、10% 预留机动地、草料地等耕地面积分配	2014 年
	湖北省宜都市、云南省陆良县	地表水	农业	县域内分配到农户	按灌溉面积分配	2014 年
	宁夏盐池扬黄灌区	地表水	农业	灌区内分配到农户	按灌水面积、种植结构及灌溉定额分配	2014 年
	石羊河流域	石羊河水	行政区	流域内分配到各县市	采用多目标优化方法以及群决策方法	2006 年
	天津滨海新区	可利用水及南水北调水	生活、工业、农业、生态	区域内分配到各行业	采用模糊决策分析法	2009 年
	太子河流域	太子河水	行政区	流域内分配各县市	基于相对关联度的流域初始水权分配群决策方法	2015 年
	承德市	地表水、地下水	行政区	市域内分配到各县	采用层次分析法分配后，利用多目标进行优化	2016 年

经调研分析可知，从研究区域来看，我国水权确权的研究在南方丰水地区开展的较多，而北方缺水地区研究的相对少。从研究对象来看，目前我国水权确权研究多停留在单

一水源、单一层次、单一用水户，而对多水源、多层次、多用户的水权确权研究还较少，开展该方面的研究多数是若干种水源、某一层次、若干用水户组合下的研究，未实现水源、层次、用户的全覆盖，且多数均停留在理论研究或典型区域示范阶段。从配置方法来看，着眼于目前为止形成的初始水权配置方法，以算法性质为准则可将算法大致分为基于准则类、决策类和优化类，采用上述三类配置方法的案例均有报道，但多数案例均为采用其中的某一类配置方法进行水权配置，采用某两类或三类方法相结合进行水权配置研究的案例很少。

总的来说，我国的不同地区水权确权典型案例为本研究提供了借鉴经验，但基于河北省水资源严重短缺和水资源系统相对复杂的实际，水权确权涉及多水源（地表水、地下水、外调水、非常规水等）、多层次（省-市-区、行业、用水户）、多用户（工业、农业、生活、生态环境）。很有必要在借鉴国内先进经验的基础上，开展缺水地区的多水源、多层次、多用户的水权确权方法研究，寻求适合河北省水资源条件的水权确权方法。

1.3　水权确权方法研究内容

本研究在对国内外水权制度研究进展进行梳理和总结，对河北省水资源开发利用现状、管理现状、水权改革历程等进行分析的基础上，开展适宜河北省及缺水地区实际的水权确权方法研究，并对确权方法通过典型示范进行验证、通过全面推广进行应用。研究思路见图1-2。主要研究内容包括以下几方面：

（1）梳理国内外水权制度研究进展。对国内外水权制度改革工作进行了梳理，充分考虑国家体制、水资源状况、水资源管理水平、现状用水习惯等因素，总结提炼河北省水权改革可借鉴经验，为河北省初始水权确权工作的开展提供一定的理论参考。

（2）分析河北省水权改革基础。摸清河北省水资源开发利用情况、水资源管理情况及水权改革历程，为系统提出适宜河北省及缺水地区的初始水权确权方法奠定基础。

（3）探析缺水地区初始水权配置理论。从探析缓解水资源短缺有效途径角度着眼，找出缺水地区初始水权配置的切入点，分析其对水资源短缺的缓解效果，厘清缺水地区的初始水权配置机理，提出适宜缺水地区的水权配置理论和框架。

（4）开展适宜河北省及缺水地区实际的水权确权方法研究。首先，结合河北省实际确定研究边界、研究方案及配置原则；其次，构建基于水资源承载力的倒逼式水权配置模型；最后，在对水权配置结果进行合理性分析的基础上，提出适宜河北省的水权确权方法。

（5）开发河北省水权确权系统。开发河北省水权确权系统，通过快速、简练、智能化的人机交互，实现水权确权的科学化和自动化。

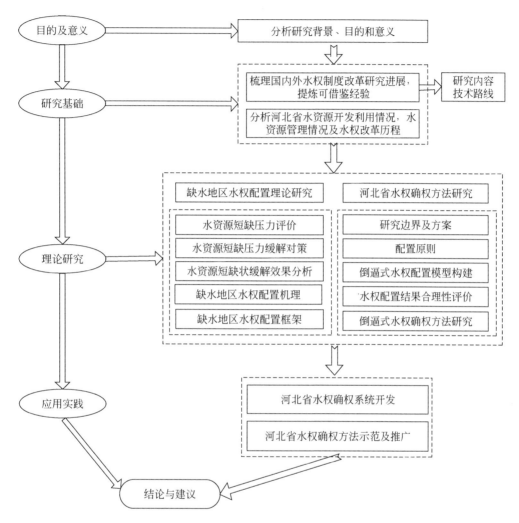

图 1-2　河北省水权确权方法研究思路

1.4　水权确权研究方法

本研究采用理论研究与实证分析相结合、定性分析与定量分析相结合的方法,逐步从水权制度的概念、属性、配置方法等理论研究深入到河北省水权确权方法的实践研究。在明确研究背景、目的和意义的基础上,具体采取如下方式开展研究。

(1)基础资料调查。采用文献研究法及典型调查法,对国内外水权制度改革研究现状进行梳理、对河北省水权制度改革基础进行分析,为系统提出适宜河北省及缺水地区的水权确权方法奠定基础。主要是深入调查分析国内外水权制度改革配置方法与国家体制、水资源状况、水资源管理水平、现状用水习惯等的关系;摸清河北省水资源开发利用情况、水资源管理情况及水权改革历程等。

（2）关键技术研究。第一，采用一种优化类方法——投影寻踪法对河北省水资源短缺压力进行评价，以此为基础对缺水地区的初始水权配置机理进行分析、对初始水权配置框架和理论进行研究；第二，采用准则类、优化类和决策类方法相结合的水权配置方法，构建基于水资源承载力的倒逼式水权配置模型，对河北省水权配置方法进行研究，在此基础上结合河北省实际提出适宜缺水地区的倒逼式水权确权方法；第三，采用.NET框架、B/S架构，使用 JQuery、Java 等开发技术及 C#开发语言和 SQL Server 数据库，开发河北省水权确权系统，实现水权确权自动化。

（3）示范与推广。采用实证法对河北省水权确权研究成果进行示范与推广。在河北省地下水超采综合治理项目区选择 4～6 县作为试点，对研究提出的水权确权方法进行示范，验证研究成果的可操作性及与河北省实际的符合性。得到验证后在河北省逐步推广，最终实现河北省省内水权确权全覆盖、水资源的优化配置、地下水的减量开采及最严格水资源管理制度的全面落实，为水价改革、水权交易奠定基础，为其他缺水地区开展水权确权登记工作提供可借鉴经验，为河北省水资源可持续利用与经济社会的可持续发展提供支撑。

第 2 章 | 河北省水权制度改革研究的基础

2.1 河北省水资源开发利用现状

2.1.1 基本概况

河北省面积为 18.88 万 km², 现下辖 11 个设区市、2 个省直管县（市）, 171 个县（市、区）, 2 246 个乡镇。2013 年（现状年）, 常住人口 7332.6 万人, 其中, 城镇人口 3528.5 万人, 农村人口 3804.1 万人, 城镇化水平为 48.1%。工业以煤炭、纺织、冶金、建材、电力、石油、化工及医药为支柱产业。河北土地肥沃, 日照充足, 农业发展迅速, 是全国 13 个粮食主产区之一, 年粮食总产量 3365 万 t, 河北省地区生产总值 28 301 亿元（现价）, 其中, 第一产业 3500 亿元, 第二产业 14 762 亿元, 第三产业 10 039 亿元, 三产比例 12.4 : 52.1 : 35.5。城镇居民可支配收入与农村居民人均可支配收入分别为 2.26 万元和 0.91 万元。

2.1.2 河流水系

河北省河流众多, 分属于海河、滦河、辽河、内陆河 4 个水系。按径流循环方式可分为直接入海的外流河和不与海洋沟通的内陆河两大水系。海河、滦河及辽河为外流河, 坝上内陆诸河属内陆河。

1. 海河水系

海河水系位于省境中、南部地区, 流域面积 125 754km², 约占河北省面积的 67.0%。其水系由北到南为一扇状水系, 包括潮白蓟运河、北运河、永定河、大清河、子牙河和漳卫南运河六大水系, 各水系汇集于天津市附近注入渤海。

（1）潮白蓟运河由潮白河和蓟运河组成, 潮白河上游又分为潮河和白河两大支流, 经永定新河入海。蓟运河上游分沟河和州河两支, 于九王庄汇合后称蓟运河至天津市下行至北塘入海。

（2）北运河上游叫温榆河，在天津武清区以北纳龙凤河，于屈家店汇入永定河。

（3）永定河发源于山西、内蒙古，流经河北、北京和天津，流域面积较大。上游有桑干河、洋河两大支流。下游有于1970年开挖永定新河，遇有特大洪水，可承担80%左右的洪量汇入渤海，其他由北运河分流。潮白蓟运河、北运河、永定河下游主要排沥河道包括鲍邱河、龙河、天堂河等。

（4）大清河位于河北省中部，由南、北两支组成。其中北支有小清河、琉璃河、拒马河、易水河等，南支有磁河、沙河、唐河、漕河、瀑河等。南、北两支汇入东淀后至第六堡附近与子牙河相汇，经独流减河或海河入海。

（5）子牙河水系分滹沱河、滏阳河两大支流，在献县汇合后称子牙。滹沱河发源于山西省繁峙县境内，经代县、原平、忻县、五台等进入河北省平山县，出山口附近的干流上有岗南、黄壁庄两大水库控制。滏阳河支流繁多，绝大部分源于省境内，各支流汇集于大陆泽、宁晋泊两滞洪区，经艾辛庄枢纽工程分流入滏阳河、滏阳新河，再经献县枢纽工程入子牙新河、子牙河入海。

（6）南运河位于河北省东南部，由漳河与卫河两支流组成。漳、卫两河在馆陶县徐万仓村汇合后至四女寺段称卫运河。四女寺以下又分为两条干流：东为漳卫新河直流入海；北为南运河经沧州入天津海河干流，其间还有捷地减河、马厂减河分洪入海。

（7）徒骇马颊河位于卫运河东侧，在河北省的面积仅为365km²，而且该河以排泄汛期沥水为主。

2. 滦河水系及冀东沿海诸河

滦河水系及冀东沿海诸河地处河北省东北部，在河北省境内流域面积为45 870km²，占河北省总面积的24.3%。发源于承德市丰宁县西部，流经坝上及内蒙古高原、燕山山地、冀东平原，于乐亭县流入渤海。

3. 辽河水系

辽河水系的支流英金河、老哈河及辽东沿海的大凌河分别发源于省围场、平泉和青龙县，在省境内流域面积为4413km²，占河北省总面积的2.3%，为最小的外流河水系。

4. 内陆河水系

内陆河位于张家口坝上高原，流域面积11 656km²，主要河流有安固里河、三台河、葫芦河、大清沟河等，其特点是河流短小，均汇入当地星罗棋布的淖泊。其中，安固里淖和察汗淖最大，两者面积均为50km²左右。

2.1.3 水利工程

河北省水利工程建设从 1951 年起重点进行各河下游河道的疏浚，先后治理了排泄不畅的主要河道。从 1958 年起，在山区修建了 16 座大型水库，以及一大批中小型水库及引、提、截、灌工程。1963 年河北省水利建设进入了根治海河的新阶段。为解除洪涝灾害，自南而北新建和扩建了漳卫新河、滏东排河、滏阳新河、子牙新河、永定新河等行洪河道，扩挖和新挖了宣惠河、南排水河、北排水河等排沥河道，形成了完整的排水系统。平原开挖疏浚的骨干河道达 46 条，总长 3000 多千米。同时，平原地区大搞机井建设和灌渠配套，山区继续兴建大中型水库、塘坝、扬水站、水池等引蓄工程，扩大了水浇地面积。1970 年后修建了潘家口、大黑汀两大水库，海河南系开始修建朱庄水库，并对已有的水库进行扩建加固。同时，大力兴修排涝工程，进行盐碱地改良。

河北省水利工程主要包括蓄水工程、引水工程、提水工程、调水工程和机井工程。

1. 蓄水工程

河北境内已建成 22 座大型水库、47 座中型水库、1008 座小型水库，总库容达到 189.48 亿 m³（其中河北为 151.48 亿 m³），主要用作农业灌溉、城镇生活及工业企业用水。其中建有大型水库 22 座（含部管岳城、潘家口、大黑汀水库），总库容约为 131.1 亿 m³（其中河北为 93.1 亿 m³），兴利库容约为 70.22 亿 m³；中型水库 47 座，总库容 16.54 亿 m³，兴利库容 7.19 亿 m³；小型水库 1008 座，总库容 7.87 亿 m³；为了解决人畜饮水等问题，建成塘坝 4669 座，窖池 174 412 座。现状年实际供水量达 8.86 亿 m³。

2. 引水工程

目前，河北省主要有引滦入唐、引青济秦、引朱济邢、引岳济邯、引水补淀、引岗黄入石、引西大洋入保、引黄壁庄入衡等引水工程。现状年实际引水量达 25.68 亿 m³。

3. 提水工程

河北省现有提水工程 3082 处，现状年实际提水量达 7.06 亿 m³。

4. 调水工程

河北省跨流域调水主要为南水北调工程和引黄工程。

（1）南水北调工程。南水北调中线一期工程预计于 2014 年 12 月建成通水，供水范围涉及邯郸、邢台、石家庄、保定、廊坊、衡水、沧州 7 个市，供水目标以城市生活、工业为主，兼顾农业和生态用水。多年平均调水量 30.4 亿 m³（口门水量）。依据相关规划及方案，

2020 年后南水北调东线二、三期工程合并实施，将另分配给河北省分水口门水量 18 亿 m³。

（2）引黄工程。河北省位山引黄工程自 20 世纪 90 年代开始实施，设计引水能力 5 亿 m³（其中邢台 0.5 亿 m³、衡水 1.5 亿 m³、沧州 3.0 亿 m³），扣除输水损失后各市口门水量为 3.6 亿 m³。重点解决邯郸、邢台、衡水、沧州黑龙港运东地区农业超采地下水问题。现状年实际引水量达 1.51 亿 m³。根据河北省引黄工程规划，相关部门正在谋划实施引黄入冀补淀工程、山东李家岸引黄工程及小开河引黄工程，力争 2020 年河北省引黄渠首水量达到 18.44 亿 m³。

5. 机井工程

机井工程是河北省农业、工业、生活用水的主要供水工程，截至 2013 年底，河北省共有机电井 90.63 万眼。在机井建设的同时还加强了机井的管理，逐步建立健全了各种行之有效的机井管理责任制，提高了机井的有效利用率，有力地促进了河北省工农业生产的迅速发展。现状年机电井配套率为 96.7%，实际供水量达 144.57 亿 m³。

2.1.4 水资源状况

1. 水资源数量

1）1956～2000 年资料系列

依据《河北省水资源评价》成果，采用 1956～2000 年 45 年资料系列成果，河北省多年平均降水量为 531.7mm。多年平均水资源总量为 204.69 亿 m³，其中地表水资源量为 119.56 亿 m³，地下水资源量为 122.57 亿 m³（矿化度≤2g/L），重复量为 37.44 亿 m³。按 2013 年人口统计，河北省人均水资源量为 279m³。河北省人均水资源量不仅远低于国际公认的人均 500m³ 极度缺水标准，而且也低于人均 300m³ 的维持人类生存的最低标准（表 2-1）。

表 2-1 河北省行政分区水资源总量成果表

行政分区	面积 /km²	水资源量/亿 m³			人均水资源量/m³	
		地表水	地下水	水资源总量	地表水	水资源总量
邯郸	12 047	6.19	11.54	15.53	66	167
邢台	12 456	5.56	10.56	14.61	77	202
石家庄	14 077	9.90	14.76	21.16	89	190
保定	22 112	15.85	21.21	30.28	126	240
衡水	8 815	0.73	5.31	6.81	17	154
沧州	14 056	5.90	6.52	13.45	81	184

续表

行政分区	面积 /km²	水资源量/亿 m³			人均水资源量/m³	
		地表水	地下水	水资源总量	地表水	水资源总量
廊坊	6 429	2.64	5.02	7.95	59	178
唐山	13 385	14.03	13.50	24.16	182	313
秦皇岛	7 750	13.06	7.36	16.77	429	551
张家口	36 965	11.57	12.74	19.06	262	432
承德	39 601	34.13	14.05	34.91	971	993
全省	187 693	119.56	122.57	204.69	164	279

河北省 1956~2000 年多年平均入境水量为 49.8 亿 m³，出境水量为 58.3 亿 m³，入海水量为 42.7 亿 m³。目前入海水量大部为汛期洪沥水，远不能满足河口冲淤和沿海滩涂的需要。

2）2001~2013 年资料系列

根据 2001~2013 年《河北省水资源公报》，近 13 年河北省平均降水量为 512.4mm，为 1956~2000 年长系列多年平均值的 96%，属于平水时段；13 年平均水资源总量为 144.16 亿 m³，其中地表水资源量为 58.14 亿 m³，地下水资源量为 119.06 亿 m³（含地表地下水重复量），分别为长系列多年平均值的 70%、48% 和 97%。近 13 年水资源总量的减少幅度远大于降水量减少的幅度，主要是地表水资源衰减较大的原因，地下水资源与降水量的关系比较一致，同时由于近年来引黄水量的加大，补给地下水量有所增加。与此同时，总入境水量在逐年减少，2001~2013 年，河北省年均入境水量约为 24.7 亿 m³，年均出境水量约为 15.8 亿 m³，总入境水量远大于总出境水量（表 2-2、表 2-3，图 2-1）。

表 2-2　2001~2013 年河北省水资源量变化表

年份	地表水资源量 /亿 m³	地下水资源量/亿 m³	重复计算量 /亿 m³	水资源总量 /亿 m³	与上一年总量比较/%	与多年平均总量比较/%
2001	47.50	93.01	30.24	110.27		-23.51
2002	30.10	75.81	19.74	86.17	-21.86	-40.23
2003	46.54	135.84	29.32	153.06	77.63	6.17
2004	61.32	131.06	38.14	154.24	0.77	6.99
2005	58.01	109.73	33.17	134.57	-12.75	-6.65
2006	42.10	94.25	29.01	107.34	-20.23	-25.54
2007	39.07	107.24	26.44	119.87	11.67	-16.85
2008	62.41	136.30	37.74	160.97	34.29	11.66
2009	47.54	122.70	29.08	141.16	-12.31	-2.08
2010	56.61	111.78	30.58	137.81	-2.37	-4.40
2011	69.98	126.34	39.03	157.29	14.14	9.11

续表

年份	地表水资源量/亿 m³	地下水资源量/亿 m³	重复计算量/亿 m³	水资源总量/亿 m³	与上一年总量比较/%	与多年平均总量比较/%
2012	117.76	164.84	47.07	235.53	49.74	63.38
2013	76.83	138.82	39.79	175.86	−25.33	21.99
多年平均	58.14	119.06	33.03	144.17		

表 2-3 2001～2013 年河北省各河系出入境水量表　　　　单位：亿 m³

年份	滦河水系		海河水系		辽河水系		河北省	
	入省境水量	出省境水量	入省境水量	出省境水量	入省境水量	出省境水量	入省境水量	出省境水量
2001	1.58	4.90	14.20	4.69	—	1.15	15.78	10.74
2002	1.72	4.50	10.73	2.34	—	0.94	12.45	7.78
2003	1.83	4.35	24.11	5.38	—	0.88	25.94	10.61
2004	1.63	3.86	26.59	6.24	—	0.82	28.22	10.92
2005	3.04	4.21	23.32	8.11	—	2.94	26.36	15.26
2006	2.07	7.00	24.59	7.11	—	1.22	26.66	15.33
2007	1.91	6.15	20.22	5.12	—	0.63	22.13	11.90
2008	1.98	4.43	24.98	9.82	—	0.66	26.96	14.91
2009	1.21	5.32	20.54	9.34	—	0.31	21.75	14.97
2010	2.48	5.07	21.59	14.08	—	0.82	24.07	19.97
2011	2.57	6.23	28.31	14.87	—	1.80	30.88	22.90
2012	5.29	4.37	26.69	16.32	—	2.23	31.98	22.92
2013	2.85	5.55	24.81	19.89	—	1.10	27.66	26.54

注：暂无辽河水系入省境水量。

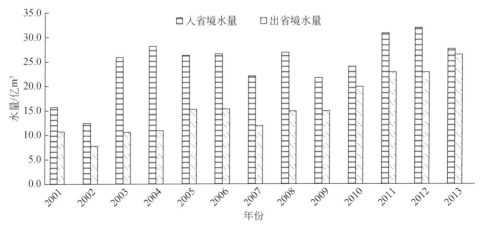

图 2-1　2003～2013 年河北省出入境水资源变化态势

2. 水资源质量

1) 地表水质量

以来水为对象进行地表水水质评价：河北省山丘区的Ⅰ～Ⅲ类水所占比例为60%～80%，水库的Ⅰ～Ⅲ类水所占比例为70%；平原地区由于点、面污染的影响，河流水质普遍很差。石家庄、唐山和张家口地表水资源质量尚好，衡水、沧州及廊坊几乎没有合格的可以利用的地表水资源。2010年河北省地表水质监测的6975km有水的河流河段中，Ⅰ～Ⅲ类水质河长3343km，Ⅳ～Ⅴ类水质河长1095km，劣Ⅴ类水质河长2537km，分别占48%、16%、36%。未受污染的河段主要分布在各河流的上游山区，受污染的河段多在平原区，京津以南平原地区污染最严重。

2) 地下水质量

河北省平原区、张家口盆地和张家口坝上的地下水资源总体质量不高，一般山丘区地下水质量尚可。在全省浅层地下水可开采量中，Ⅰ～Ⅲ类水占42%；Ⅳ类水占32%；Ⅴ类水占26%。平原深层地下水主要存在氟超标问题。

河北省严重缺水地区同时存在水污染严重、地下水超采、水利设施重建轻管等问题，水资源供需矛盾十分突出，已经影响了河北省生活和经济的协调发展，所以迫切需要明晰水资源的权属问题。

2.1.5 供用水状况

1. 供水状况

河北省是全国地下水开采利用量最大的省份之一，占全国地下水开采总量的12.8%。在全国地下水开采量占供水总量的比例来看，河北省占比最高为75.6%，其次为河南省（图2-2）。

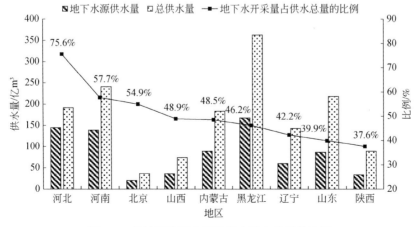

图 2-2 各地区地下水开采量占供水总量的比例

2013 年河北省供水总量为 191.29 亿 m³。其中地表水工程供水量 43.13 亿 m³（含引黄水量 1.51 亿 m³），占总供水量的 22.5%；地下淡水供水量为 143.16 亿 m³，占 74.8%，其中浅层淡水 101.89 亿 m³，深层承压水 41.27 亿 m³；非常规水源利用量为 5.0 亿 m³，占 2.6%，其中再生水利用量 3.25 亿 m³，雨水利用 0.21 亿 m³，海水淡化 0.31 亿 m³，微咸水 1.41 亿 m³。2013 年河北省各区域实际供水量见表 2-4。

表 2-4　2013 年河北省各区域实际供水量　　　　　单位：亿 m³

区域	地表水			地下水			非常规水					合计
	当地地表水	引黄水	小计	浅层	深层	小计	污水处理回用	雨水利用	海水淡化	微咸水	小计	
石家庄市	5.93	0	5.93	17.13	4.33	21.46	0.88	0	0	0	0.88	28.27
承德市	3.67	0	3.67	5.32	0	5.32	0.14	0	0	0	0.14	9.13
张家口市	2.75	0	2.75	7.18	0	7.18	0.15	0.02	0	0.01	0.18	10.11
秦皇岛市	3.66	0	3.66	4.75	0.16	4.91	0.08	0.01	0	0.03	0.12	8.69
唐山市	8.48	0	8.48	12.72	3.84	16.56	0.59	0.01	0.01	0	0.61	25.65
廊坊市	1.49	0.20	1.69	4.54	3.48	8.02	0.52	0	0	0.04	0.56	10.27
保定市	2.46	0	2.46	21.14	1.43	22.57	0.24	0	0	0.38	0.62	25.65
沧州市	2.30	0.95	3.25	2.74	7.21	9.95	0.26	0.16	0.12	0.20	0.74	13.94
衡水市	2.20	0.16	2.36	3.26	9.56	12.82	0.10	0	0	0.38	0.49	15.67
邢台市	3.36	0	3.36	7.91	5.91	13.82	0.20	0	0	0.07	0.27	17.45
邯郸市	4.93	0.2	5.13	9.96	4.25	14.21	0.04	0	0	0.30	0.34	19.68
定州市	0.16	0	0.16	3.45	0	3.45	0.04	0	0	0	0.04	3.65
辛集市	0.23	0	0.23	1.79	1.10	2.89	0.01	0	0	0	0.01	3.13
全省	41.62	1.51	43.13	101.89	41.27	143.16	3.25	0.21	0.13	1.41	5	191.29

2. 用水状况

2013 年河北省总用水量为 191.29 亿 m³，包括：①生活总用水量 22.38 亿 m³，占 11.7%［其中城镇生活（含公共事业）用水量 12.60 亿 m³，占 6.6%；农村生活用水量 9.78 亿 m³，占 5.1%］；②非农生产用水量 26.62 亿 m³，占 13.9%［其中工业用水量 25.22 亿 m³，占 13.2%；建筑业用水量 1.40 亿 m³，占 0.7%］；③农业用水量 137.64 亿 m³，占 72.0%［其中农田灌溉用水量 126.35 亿 m³，占 66.1%；林牧渔业用水量 11.29 亿 m³，占 5.9%］；④生态环境用水量 4.65 亿 m³，占 2.4%。2013 年各区域实际用水量见表 2-5。

表 2-5   2013 年河北省各区域实际用水量　　　　　　单位：亿 m³

区域	居民生活用水量			非农生产用水量			农业用水量			生态环境用水量	总用水量
	城镇	农村	小计	工业	建筑业	小计	农田灌溉	林牧渔	小计		
石家庄市	2.40	1.26	3.66	2.83	0.2	3.03	18.28	1.64	19.92	1.67	28.28
承德市	0.68	0.49	1.17	1.98	0.1	2.08	5.24	0.60	5.84	0.05	9.14
张家口市	0.53	0.53	1.06	1.29	0.1	1.39	7.04	0.51	7.55	0.11	10.11
秦皇岛市	0.85	0.45	1.30	1.30	0.1	1.40	4.94	0.84	5.78	0.21	8.69
唐山市	2.45	1.22	3.67	5.64	0.1	5.74	14.32	1.51	15.83	0.39	25.63
廊坊市	0.95	0.71	1.66	1.47	0.2	1.67	5.51	1.08	6.59	0.35	10.27
保定市	1.37	1.40	2.77	2.31	0.1	2.41	19.39	0.96	20.35	0.12	25.65
沧州市	0.75	1.01	1.76	2.09	0.1	2.19	8.78	0.95	9.73	0.26	13.94
衡水市	0.39	0.43	0.82	1.31	0.1	1.41	12.79	0.51	13.30	0.14	15.67
邢台市	0.82	0.95	1.77	1.75	0.1	1.85	12.25	0.61	12.86	0.96	17.44
邯郸市	1.22	1.11	2.33	2.76	0.2	2.96	12.91	1.11	14.02	0.38	19.69
定州市	0.10	0.12	0.22	0.30	0	0.30	2.92	0.20	3.12	0.01	3.65
辛集市	0.09	0.10	0.19	0.19	0	0.19	1.98	0.77	2.75	0	3.13
全省	12.60	9.78	22.38	25.22	1.4	26.62	126.35	11.29	137.64	4.65	191.29

2.1.6   地下水超采状况

基于河北省水资源严重短缺、水污染并存的实际，迫使全省不得不依靠超采地下水和牺牲生态环境来维系经济社会发展，现状多年超采地下水 60 亿 m³ 左右，是全国最大的地下水漏斗群（表 2-6）。

1. 浅层地下水漏斗

2013 年末，河北省平原区比较大的浅层地下水漏斗有高蠡清漏斗、肃宁漏斗、石家庄漏斗、宁柏隆漏斗、天台山漏斗等。宁柏隆漏斗面积为 1315km²，中心埋深 69.54m，与上年同期相比减小 3.58m。石家庄漏斗中心位于白佛附近，中心最大埋深 48.24m，较上年同期增加 0.44m，漏斗面积 453km²。

2. 深层地下水漏斗

衡水漏斗：中心位于衡水市开发区水源地。2013 年末中心埋深 84.70m，较上年同期增加 1.18m；漏斗区面积为 296km²，较上年同期增加 49km²。

沧州漏斗：中心位于沧县东关。2013 年末漏斗中心埋深 78.10m，较上年同期减小

0.94m；漏斗区面积为906km^2，较上年同期减少49km^2。

表2-6 2013年河北省平原区地下水漏斗情况表

漏斗名称	漏斗性质	漏斗中心位置	漏斗周边埋深/m	漏斗面积/km²			漏斗中心埋深/m		
				上年末	当年末	年增减值	上年末	当年末	年增减值
高蠡清	浅	蠡县南鲍墟	25~30	278	242	-36	33.87	33.46	-0.41
肃宁	浅	垣城南	20~25	44	210	166	24.24	27.86	3.62
石家庄	浅	白佛	30~35	450	453	3	47.80	48.24	0.44
宁柏隆	浅	柏乡龙华	30~35	1746	1315	-431	73.12	69.54	-3.58
衡水	深	开发区水源地	65~70	247	296	49	83.52	84.70	1.18
南宫	深	南宫焦旺	60~65	826	772	-54	86.95	81.57	-5.38
沧州	深	沧县东关	60~65	955	906	-49	79.04	78.10	-0.94

2.2 河北省水资源管理现状

2.2.1 水资源管理现状

1. 水务一体化管理体制基本形成，为推行水权制度改革奠定了坚实的体制基础

水资源统一管理，是建立水权制度的重要前提。在全省水资源统一管理的基础上，河北省基本完成了水务一体化管理体制改革，初步建立起省、市、县三级水务管理体系，供水、用水、蓄水、排水、污水处理及回用等统一规划、配置、建设、调度、管理的"五统一"格局基本形成，"多龙管水"现象基本消除，为不同水源水权的统一分配提供了保障。

截至2013年底，全省共有9个设区市、128个县挂牌成立水务局，其中72家水务局初步实现了对城乡供水的行政管理（图2-3）。承德、石家庄、衡水等市还实现了供水、节水、排水、污水处理、中水回用一体管理。县（市、区）水务（利）局下设管辖区所属流域、水库、灌区等管理机构及基层水利站，负责管辖范围内流域、水库及灌区的水资源管理工作。部分灌区及基层水利站同时成立了农民用水户协会，在水利工程建设管理和维护、科学灌溉、推广农业新技术、水费计收等方面发挥着重要作用；部分县（市、区）水务（利）局另成立了水务集团（有限责任公司），负责所辖区范围内自来

水供应、供水管网安装及维护、水费查收，雨污水管网、雨污水泵站、污水处理厂及再生水回用设施等的规划、建设、运营、管理等业务。未实现一体化管理的设区市，也理顺了与供水公司（集团）、排水公司（集团）等涉水企业的业务关系，建立了服务、协调、管理和监督机制。

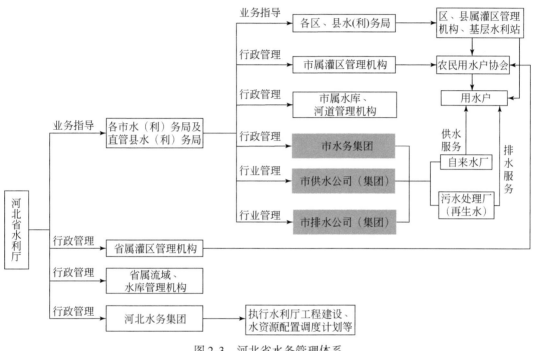

图 2-3　河北省水务管理体系

▨ 机构根据各市情况不同时出现或以功能整合的其他机构形式出现

2. 水资源管理制度体系基本健全，为推行水权制度改革奠定有效的制度基础

河北省严格贯彻落实国家政策法规，坚持依法治水，先后出台了《河北省实施〈中华人民共和国水法〉办法》《河北省取水许可制度管理办法》《河北省地下水管理条例》等一系列法规。积极探索实施以水定产、以水定城、以水定人、以水定地，适水发展的水资源管理理念，不断完善最严格水资源管理制度，出台了《关于实行最严格水资源管理制度的意见》，制定了河流、湖库、引江、引黄水量分配方案，建立了覆盖省、市、县三级行政区域的控制指标体系和考核制度，"三条红线"刚性约束作用不断加强。从水资源规划与配置、用水与节水管理等方面形成了一套较健全的水资源管理制度体系为水权制度改革提供制度法规依据。

1）水资源规划与配置方面

（1）制定了河流、湖库、引江、引黄水量分配方案。严格执行流域机构有关水量调度方案，服从流域水资源统一管理，积极配合流域机构开展拒马河、蓟运河、清漳河、浊漳河和滦河、滹沱河、北运河、卫河、潮白河等水量分配工作。在此基础上，编制了《河北省南水北调受水区水资源统一调配与管理方案》《引黄入冀补淀工程可行性研究报告》《河北省水中长期供求规划》等，制定和完善了长江水、黄河水及当地水年度水量调度计划，为加强对长江水、黄河水及当地水的优化配置和水量调度工作提供了支撑。

（2）强化了地下水管理和保护。颁布了《河北省人民政府关于公布平原区地下水超采区、禁采区和限采区范围的通知》，对禁、限采区开凿取水井做出了严格的规定，规定在地下水禁采区内，除应急供水外严禁开凿取水井。对已有取水井，限期关停。在地下水限采区内，除应急供水和生活用水更新井外，严禁开凿取水井。深层地下水只作为应急和战略储备水源。组织开展了地下水超采综合治理试点工作，编制了《河北省地下水超采综合治理试点工作方案（2014 年度）》，制定了《南水北调中线一期工程河北省受水区地下水压采实施方案》；完成了《京沪高铁沿线封井实施方案》，提出高铁沿线地下水禁采的具体实施计划，确保全省地下水禁采工作有序进行。

2）用水与节水方面

（1）建立了取用水总量控制指标体系。在全国率先出台了《关于实行最严格水资源管理制度的意见》，印发了《河北省实行最严格水资源管理制度实施方案》和《河北省实行最严格水资源管理制度红线控制目标分解方案》，明确了全省 11 个设区市、2 个省直管县用水总量控制指标红线，各市在此基础上分解了县（市、区）用水总量控制指标，初步构建了以用水总量控制为核心的最严格水资源管理制度控制指标体系。

（2）实行了用水效率控制制度。根据国家下达的河北省 2020 年用水效率控制目标，结合河北省实际，明确了全省 11 个设区市、2 个省直管县 2016～2020 年度用水效率控制指标红线，各市在此基础上分解了县（市、区）用水效率控制指标，构建了用水效率控制指标体系。

（3）健全了节水"三同时"管理制度。从 2012 年下半年开展对建设项目节水设施"三同时"管理办法的研究以来，明确建设项目节水设施建设主体、管理主体及其职责。将节水三同时制度纳入《河北省关于实行最严格水资源管理制度的意见》等规范性文件。坚持新、改、扩建设项目验收时，将节水设施"三同时"落实情况作为一项重要的验收内容之一，验收不合格的提出限改意见；验收合格后，准予发放取水许可证。

3. 水利基础设施体系相对完善，为推行水权制度改革奠定了可靠的工程基础

长期以来各级政府高度重视水利建设，不断加大水利投入，在加快"实施引江引黄等重大资源配置工程、构建水资源配置骨干网络，大规模推进农田水利建设、完善农田水利设施网络，加大城乡供水设施建设力度、健全公共供水网络，加快实施废污水回用、雨水集蓄等非常规水开发利用工程，搭建非常规水利用基础设施网络"，构建完善的供水系统的同时，不断完善水资源监控系统，加强水资源监控能力建设，通过在线自动监控或 IC 卡实现非农业取用水户取水口 100% 监控，安装了 5.2 万套农业灌溉机井智能水表，全部实现在线监控。随着地下水超采综合治理的不断深入，河北省水利基础设施体系将不断完善，为不同水源水权的科学量化及统一分配提供保障。

1) 供水系统

河北省以 22 座大型水库、47 座中型水库、1008 座小型水库、3082 处提水工程处、8 大引水工程、2 大调水工程为水源工程构建了相对完备的供水系统。由自来水供水系统、自备水供水系统、地表水供水系统及再生水供水系统四部分组成。

（1）自来水供水系统。

河北省自来水供水系统由两部分组成，包括城镇自来水供水系统和农村自来水供水系统，供水量占全省供水总量的 14.4%。其中城镇自来水供水系统，主要为城镇居民生活、服务业及部分工业企业和生态环境供水。截至 2013 年底，全省有城镇自来水厂 240 处，实现供水 15.7 亿 m³，占城镇供水总量的 65.2%。2013～2020 年结合南水北调配套工程建设有序实施城市自备井关停与地下水限采工作，受水区 7 个设区市，规划建设水厂 113 座，水厂规模达到 1000 万 t/d，届时将基本实现城镇自来水供水系统供水全覆盖（表 2-7、表 2-8）。

农村自来水供水系统主要依托"农村饮水安全工程""农村饮水安全巩固提升工程"建成和完善，供水对象以农村居民为主，同时兼顾养殖业、企业等用水，截至 2013 年底，河北省农村居民生活用水基本实现农村自来水供水系统全覆盖，建成农村集中供水工程 43 688 处，实现供水 23.2 亿 m³，占农村生活（含公共及畜禽用水）供水总量的 94.6%。

表 2-7　河北省自来水供水系统　　　　　　单位：处

地区	城镇自来水厂	农村集中供水工程			
		小计	城镇管网延伸工程	联村供水工程	单村供水工程
邯郸市	17	3 059	30	754	2 275
邢台市	25	3 066	19	238	2 809
石家庄市	42	5 326	22	237	5 067
保定市	24	6 147	63	59	6 025
衡水市	19	3 174	5	82	3 087
沧州市	16	2 930	108	154	2 668
廊坊市	11	3 397	24	127	3 246
唐山市	19	5 610	473	22	5 115
秦皇岛市	16	1 164	54	46	1 064
张家口市	25	6 087	272	910	4 905
承德市	24	3 468	50	26	3 392

地区	城镇自来水厂	农村集中供水工程			
		小计	城镇管网延伸工程	联村供水工程	单村供水工程
定州市	1	22	0	22	
辛集市	1	238	0	7	231
全省	240	43 688	1 120	2 684	39 884

注：数据来源于《河北省南水北调配套工程规划》，具体达到情况以实际为准。

表2-8 河北省南水北调配套水厂工程规划表

地区	规划建设水厂/座	规模/(万 t/d)	
		远期扩建（2020年）	远期达到
邯郸市	16	33.00	99.00
邢台市	18	45.70	151.10
石家庄市	18	37.00	254.00
保定市	21	81.00	289.80
衡水市	11	46.05	157.43
沧州市	16	304.00	456.00
廊坊市	10	87.00	188.00
定州市	2	7.50	34.00
辛集市	1	5.00	20.00
全省	113	646.25	1649.33

注：数据来源于《河北省南水北调配套工程规划》，具体达到情况以实际为准。

（2）自备水供水系统。

自备水供水系统是河北省的主要供水系统，供水量占全省供水总量的64.6%。自备水供水系统按供水对象可分为两部分，即农业自备水供水系统（农用机井）和非农自备水供水系统（分散自备井）。河北省共有机电井90.63万眼，其中农业灌溉机井85.72万眼，农业自备水供水系统（农用机井）供水占全省自备水供水总量的90.2%，主要为农业灌溉供水。非农自备水供水系统（分散自备井）供水占全省自备水供水总量的9.8%，主要为城镇辖区范围内自来水供水系统未覆盖部分的工业企业、农村生活和生态环境供水。

（3）地表水供水系统。

地表水供水系统主要依托引黄、引岳济邯、引西入保、引岳济淀、引朱济邢、引岳济邯、引滦入唐、引青济秦等引水工程，为重点工业企业（钢铁厂、电厂）、工业园区、农业灌区及城市河湖环境供水。供水量占全省供水总量的19.0%。河北省地表水供水系统的主要支撑工程见表2-9。

表 2-9　河北省地表水供水系统的主要支撑工程

工程名称	工程概况
引黄工程	河北省位山引黄工程自 20 世纪 90 年代开始实施，设计引水能力 5 亿 m³（其中邢台 0.5 亿 m³、衡水 1.5 亿 m³、沧州 3.0 亿 m³），扣除输水损失后各市口门水量 3.6 亿 m³。重点解决邯郸、邢台、衡水、沧州黑龙港运东地区农业超采地下水问题。现状年实际引水量 1.51 亿 m³。根据河北省引黄工程规划，相关部门正在谋划实施引黄入冀补淀工程、山东李家岸引黄工程及小于河引黄工程，引黄补淀工程输水线路自河南境内黄河渠村闸引水，利用濮阳市濮清南干渠输水，穿卫河进入河北省，再经东风渠、老漳河、滏东排河至献县枢纽，穿滹沱河北大堤后，利用紫塔干渠、古洋河、小白河和任文干渠输水至白洋淀，全线总长 481km。该工程可缓解河北省中南部地区农业严重缺水的矛盾，全年引黄河水 9 亿 m³，供水范围涉及 26 个县，控制灌溉农田面积 300 多万亩
引岳济邯工程	该工程以岳城水库引水闸为起点，经民有北干渠、团结西干渠、团结东干渠、团结总干渠、支漳河、老漳河、滏东排河、王大引水干渠、子牙河、紫塔干渠、陌南干渠、古洋河、韩村干渠、小白河、人文干渠等现有河渠，在 12 孔闸进入白洋淀，途经邯郸、邢台、衡水、沧州 4 市所辖 15 个县（市）和邯郸、衡水 2 市城郊。渠段总长度 413.2km，渠首设计流量 40m³/s，末端设计流量 15.11m³/s。岳城水库设计出库流量为 4.15 亿 m³，入白洋淀水量为 1.57 亿 m³
引西入保工程	起于西大洋水库止于新市区小汲店泵站枢纽工程，沿线涉及唐县、顺平县、满城县、新市区和西大洋水库管理处等县（区），总长 96.05km。主要是利用唐河灌区总干渠现有渠道经防渗处理后，自唐河总干渠的魏村退水闸引水入曲逆河，沿曲逆河进入界河，再进入百草沟，最后到小汲店泵站枢纽工程，进入府河。输水规模为 10~20m³/s，计划放水量为 3000 万 m³。王快水库与西大洋水库连通工程的顺利竣工，使得正常年份王快水库可向西大洋水库调水 2 亿 m³，途经保定城区向白洋淀供水 1.2 亿~1.5 亿 m³，向一亩泉水源区补充地下水 3000 万~5000 万 m³。在改善市区水环境、确保百万居民饮水安全的同时，还可缓解白洋淀、一亩泉水源地水资源紧缺状况，恢复和保护白洋淀水生态环境，增加沿途灌溉面积，满足两库下游地区生活生产生态用水需求
引朱济邢工程	邢台市为解决水资源短缺的问题，从距市区 35km 外的朱庄水库引水入市，向用水大户邢钢和兴泰电厂正式供水。输水设计流量 1.6m³/s，输水线路总长 42.978km，总水位差 106.78m，该工程年可引水 5000 万 m³，可增加市区日供水能力 13.7 万 m³。引朱济邢工程的实施将有效缓解邢台市区水资源供需紧张的状况，使居民日常饮用及企业生产用水得到保障
引岳济邯工程	1998 年，邯郸市为了满足城市自来水厂供水需求建设了由岳城水库向邯郸市铁西水厂供水的管道引水工程，设计引水能力均 1.25m³/s。建成后，每年可向邯郸市供水 0.3274 亿 m³，其中工业 0.2234 亿 m³，农业 0.1040 亿 m³，极大地缓解了邯郸市的缺水状况，提高了供水保证率

续表

工程名称	工程概况
引滦入唐工程	引滦入唐工程 1984 年正式投入运行，工程由引滦入还输水工程、邱庄水库、引还入陡输水工程和陡河水库四大工程组成。根据国发办〔1983〕44 号《国务院办公厅转发水利电力部关于引滦工程管理问题报告的通知》文件精神，在保证率为 75% 时，潘家口水库分配给唐山市水量为 9.5 亿 m³（其中供唐山市区 3.0 亿 m³），潘大区间来水量一部分水通过引滦入唐工程入陡河水库供唐山市区利用，剩余水量连同潘家口水库的 6.5 亿 m³ 水供滦河下游灌区使用；在保证率为 95% 时，潘家口水库分配给唐山市水量为 4.4 亿 m³，其中供唐山市区 3.0 亿 m³，余下的 1.4 亿 m³ 和潘大区间自产水量全部供滦河下游灌区使用
引青济秦工程	引青济秦工程是一个以城市供水为主兼顾农业用水的大型跨流域调水工程，引青龙河水解决秦皇岛市用水问题。该工程从 1989 年开工，全长 80km，开凿隧道 7.95km，铺设管道 47.75km，兴建水厂 1 座，修建取水闸、加泵站等建筑物 100 座。1991 年 6 月 25 日，"引青济秦"工程全线竣工通水，结束了秦皇岛长期缺水的历史。截至 2014 年底，累计向秦皇岛市供水 14 亿 m³，占秦皇岛市用水量的 60% 以上，为秦皇岛市经济发展和社会稳定做出了突出贡献，已成为秦皇岛市社会经济发展的生命线。自 2000 年以来，先后实施了引青济秦东线扩建一、二期工程、引青东西线对接工程、引青西线改造工程，进一步提升了引青水源向秦皇岛市的供水保障能力。到目前为止，引青济秦工程共进行了 3 期，该工程使秦皇岛这个缺水的城市用水得到了保障

注：1 亩 ≈ 666.7m²。

（4）再生水供水系统。

为加快城镇污水处理及再生水利用设施建设，2012 年河北省政府印发了《河北省"十二五"城镇污水处理及再生水利用设施建设规划》，以提高城镇污水处理率和再生水利用率为目标，全面提升污水处理能力，缓解水资源紧张状况。以"厂网并举、泥水并重、再生利用"为原则，统筹规划、全面布局、突出重点。截至 2013 年底，河北省共建成城市污水处理厂 201 座，形成污水集中处理能力 831.5 万 m³/d；建成排水管网 2.8 万 km；形成再生水处理规模 240 万 m³/d；设区市城市污水处理率达 89%，县城污水处理率达 79%，城市再生水利用率达 25% 以上；建成再生水利用项目 60 多个，形成再生水处理能力 240 万 m³/d。30% 以上的用水大户建立了污水处理设施。2013 年设区市城市再生水利用率达 27%，污水处理回用量达 3.25 亿 m³，供水量占全省供水总量的 2.0%（图 2-4）。

2）水资源监控系统

2012 年，水利部正式启动国家水资源监控能力建设，为了搞好项目建设，河北省水利厅成立了省水资源管理系统项目建设领导小组，组建了省建设项目办公室，编制完成了《国家水资源监控能力建设项目河北省技术方案》《河北省水资源监控系统建设项目实施方案》；整合国家水资源监控能力建设项目、全国地下水监测系统建设项目、地下水超采

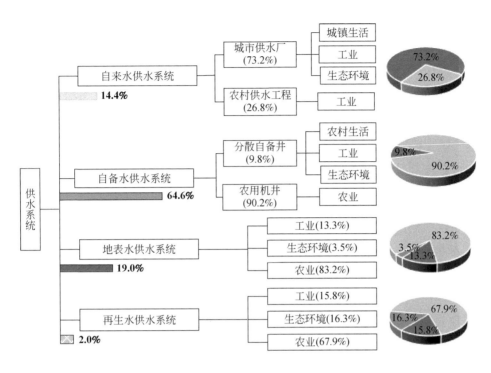

图 2-4　2013 年河北省供水系统情况

综合治理项目等专项资金及建设任务,开展河北省水资源监控能力"四网一平台"建设,即地表水监测、地下水位动态监测、水质监测、重要取用水户监控及省水资源监控和信息管理平台。依托省水文局和各设区市、县(市、区)的水资源管理系统,建设与国家和流域互联互通的、覆盖 11 个设区市及 2 个直管县和各监控点的省水资源监控和信息管理平台等,基本完成了河北省水资源管理系统建设。依托"四网一平台"建设,构建了基本完备的供水计量体系,初步形成了布局合理、实时监控、技术先进、管理有效的水资源监控体系,为不同水源水权的科学量化及统一分配提供了保障。

作为水权确权重要基础的供水计量体系建设情况如下:

一是农业灌溉供水计量体系逐步建立,结合小农水重点县、现代化农业县、地下水超采综合治理等项目,严格落实专项项目管理办法,按照"一井(泵)一表、一户一卡"要求,因地制宜选择智能用水计量设施、机械水表等量水设施,随着地下水超采综合治理的不断深入,农业灌溉供水计量体系将逐步建立。

二是非农用水户计量体系不断完善。对年取水量在 1 万 m^3 以上的非农业取用水户的 2997 个取水口安装了在线自动监控设备,对年取水量为 1 万 m^3 以下非农取水户采用 IC 卡或在线自动监控设备对其取水量进行监控。

2.2.2 水资源管理存在的主要问题

随着河北省经济社会的快速发展，全省水资源短缺和供需矛盾的不断加剧，对水资源管理提出了更高的要求。综合分析河北省水资源管理现状，还存在如下需要深入研究和解决的问题。

1. 水资源管理手段需创新

现行水资源管理工作主要依靠传统的行政推动，市场经济手段运用不充分，利用市场配置水资源的机制尚未形成。表现为水资源权属不清、水资源价格导向失衡（节水成本远高于取用水水价、非常规水用水成本高于常规水用水成本、地下水用水成本不高于地表水用水成本）、水的稀缺资源价值无法体现，造成不同程度的水资源浪费、地下水严重超采，加剧了水资源供需矛盾。需加快由重行政手段向"两手发力"转变，注重发挥市场配置资源的决定性作用，建立符合市场经济要求的水资源资产产权制度，积极开展水权制度改革。

2. 取水许可管理需精细

为强化取水许可管理，依据国家出台的一系列管理规定与技术规范，河北省出台了相关配套文件，细化了相关规定，并在全省范围内开展取水许可的补办、延续及台账建设工作。截至 2013 年底，已将全省 16 200 多家取用水户的取水许可信息登记录入系统中。水行政主管部门基本掌握了工业、生活取用水量，基本实现了取用水的分类管理。但取水许可管理不够精细：一是取水许可覆盖面还不全。年取水地表水大于等于 50 万 m³ 或地下水大于等于 2 万 m³ 的非农用水户，基本实现了取水许可管理，但是取水量占全省用水总量约 70% 以上、以分散的自备井为主要供水工程的农业用水户，还未实现取水许可管理。二是对取用水户的计划用水监管不严，受计量设施安装完备程度和产业政策等因素的影响，部分取水单位存在取水许可水量与实际取水量相差较大的现象。上述问题严重影响了取水许可审批管理对水资源的配置、公平高效利用、节约保护的促进作用，急需对非农用水户取水许可量进行科学核定，对农业用水户用水量进行确权。

3. 高耗水产业比例需调整

从农业看，农业用水占全省用水总量的 70% 以上，小麦、蔬菜等高耗水作物用水占农业用水总量的 70% 以上，而且高耗水作物主要分布在地下水超采区；从工业看，工业产业结构不合理，钢铁、化工、火力发电、食品、造纸、纺织、制革等七大高耗水行业偏重，用水量占工业用水总量的 70% 以上；从服务业看，洗浴、高尔夫球场和洗车等高耗水行业发展过快。三次产业结构与水资源承载力不相匹配，给水资源、水生态、水环境造成巨大压力。改变现状不合理的用水方式，适水发展，是河北省可持续发展的必然选择。

4. 节水方针落实需深入

河北省水资源禀赋先天不足，各级党委政府历来高度重视治水、管水、节水工作，通过采取工程节水、结构节水、管理节水等综合措施，有效促进了各行各业节约用水，节水工作也取得显著成效，但与国家有关标准及以色列等国际先进水平相比，还有一定差距，与全省严峻的缺水形势要求还有差距。在全省农业有效灌溉面积 6523.5 万亩中，还有2171 万亩尚未实施节水灌溉，大水漫灌现象依然存在；部分工业企业特别是中小企业生产工艺落后，干熄焦、干除灰、空气冷却等先进节水技术、工艺、设备尚未得到广泛应用；城市公共供水管网漏损率达 13% 以上，尚未达到住建部 12% 以下的标准，个别地区跑冒滴漏现象严重。城镇生活及公共节水器具普及率偏低。雨水、中水等非常规水开发利用程度低，仅占供水总量的 2.6%。

上述问题的存在，究其原因主要是水资源要素对转变经济发展方式的倒逼机制没有真正形成，水资源优化配置的市场机制不健全。要从根本上解决上述问题，必须从水资源供给侧、需求侧入手，开展水权制度改革，明晰初始水权，发挥价格导向作用，通过水权流转激发用水户的节水压采内生动力，合理配置水资源，最大程度发挥水资源效益，有效改善河北省水资源短缺问题。

2.3 河北省水权改革历程

河北省水权改革经历了自发开展、理论研究、试点实施三个阶段。在水权理论研究、实践探索方面取得积极进展。初步明晰了水权改革的必要性及重要性，初步厘清了水权的概念、属性与构成，初步梳理了水权改革的基本思路，探索性提出了水权分配的主要原则及分配方法，为全省推行水权改革奠定了理论基础，但总的来说还处于探索阶段，实践探索受项目经费所限主要以不连续点的方式存在。进入"十二五"时期后，日益加剧的水资源短缺矛盾对水资源管理提出了更高、更严的要求。党中央、国务院从国家战略高度部署的实行最严格水资源管理制度及"以水定城"发展战略，习近平总书记站在党和国家事业发展全局的战略高度提出的"节水优先、空间均衡、系统治理、两手发力"的治水思路，对河北省水权改革提出了新要求和新任务，还需在借鉴现有探索经验的基础上，在新时期新形势新要求下，重新对河北省水权确权方法进行研究。

2.3.1 自发开展阶段

河北省及所处的海河流域均属严重资源型缺水地区，水资源短缺的问题日益凸现，诱发了水事纠纷，催生了水权改革。漳河流域及拒马河的水权制度探索和摸索就是很好的例子，起于水事纠纷，结于水权制度建立，在解决水事纠纷的同时，也缓解了水资源供需矛盾并保持了社会稳定。

1. 漳河流域水权制度研究

漳河上游地区水土资源匮乏，主要水源区在山西省境内，并建有多处蓄水工程，主要缺水区是下游河南、河北的四大灌区和沿河村庄。水资源总体短缺，来水的时间和空间分布与用水分布不适应，加上全流域水资源不能统一调度和管理，造成河南、河北边界地区沿河村庄灌溉用水不足和四大灌区灌溉季节用水紧张。沿河邻省边界地区因无序开发而引起的水事纠纷愈加频繁，规模也越来越大，纠纷逐步升级，严重影响了当地社会稳定和经济发展。

2001 年春季，华北地区干旱少雨，沿河村庄和四大灌区用水十分困难，海委漳河上游局详细考察了上游山西省水库的蓄水情况和下游需水情况，经三省地方政府和有关部门共同商定，从上游 5 座水库联合调度供水，把上游水库超汛限的水量提前调出 3000 万 m^3 给河南省红旗渠、跃进渠两个灌区及两省沿河村庄。下游两省只需支付 75 万元费用，而所灌溉的 38 万亩农田，亩均增产 100kg 玉米，按 1 元/kg 计，将增收 3000 多万元，上游水库因此也盘活了资产。海委漳河上游局调整治水思路，以水权水市场理论为指导，根据上下游用水特点，通过上游有偿调水给下游使用的有效途径，既保证了上游利益，又满足了下游用水需要，实现了水资源的合理配置，有效缓解了水资源供需矛盾，防止了水事纠纷的发生。

2. 拒马河水权分配探索

拒马河是一条发源于河北，流经北京后又进入河北的跨省河流。取水涉及流域水管理、初始水权分配问题及相关的法律法规等一系列问题，拒马河水量分配有其特殊性。同时，拒马河流域本身严重的缺水，使得这一流域早已演化成为贫水经济社会运行区，并成为边界水资源最敏感的地区，社会经济的不断发展和人口的不断增加，使得河北省与北京市争水矛盾日趋尖锐。

经过多次协调，海委于 2005 年 6 月 27 日在天津召开拒马河水事协调会，北京市与河北省达成共识，形成了《拒马河水事协调会会议纪要》。会议内容：2008 年前双方原则同意拒马河张坊站以上流域的地表径流量按北京市和河北省所占流域面积的比例进行分配。

双方根据分配的水量妥善安排好生活、生产、生态用水。

拒马河的协议，解决了河北和北京在近期内的水事纠纷。但有关拒马河水量分配问题也就成为热议的焦点，由于拒马河流域的特殊性，有关学者对拒马河水量分配及初始水权分配、水量规划进行了大量研究，为涉水事务跨流域引水分水方案提供了有益的借鉴。例如：2010 年郝相如（2010）分析了现有拒马河水量分配方案的特点，采用估算法、水文配线法、倒算法三种方法，分别计算拒马河河道内生态环境需水量、地表水资源量、地表水资源可利用量，提出了采用国内生产总值（GDP）及流域面积作为指标的水量分配方案和区域产流归区域使用的优先权的拒马河初始水权水量分配方案。通过对拒马河这样特殊河流的水量分配方案研究，为涉水事务跨流域引水分水方案提供了有益的借鉴。

2.3.2 理论研究阶段

1999 年，水利部部长汪恕诚在中国水利学会第七次全国代表大会上的重要讲话中提到，"水权和水市场——谈实现水资源优化配置的经济手段"，提出了"实现由工程水利到资源水利的转变"的观点。

2002 年水利部办公厅印发的《关于开展节水型社会建设试点工作指导意见》明确要求试点地区在水资源管理方面达到"城乡一体，水权明晰，以水定产，配置优化，水价合理，用水高效，中水回用，技术先进，制度完备，宣传普及"的建设要求。2004～2010年，水利部共实施启动四批国家级节水型社会建设试点，河北省的廊坊市、石家庄市、邯郸市、衡水市桃城区名列其中。同时贯彻落实国家关于开展节水型社会建设的相关精神，全面启动 3 个省级试点（成安县、衡水市桃城区、元氏县）、22 个市级试点和 10 个县级试点，认真开展节水型社会试点的建设与推广。围绕水权制度改革开展的相关研究不断涌现。

2002 年，若智（2003）提出河北省水权制度建设，通过分析自然资源配置的理念、水权的内涵，确定区域水资源建立水权制度的主要环节，分析建立水权制度对缓解全省各类水事矛盾的重要意义。

2005 年，谢敬芬（2005）提出节水型社会建设的核心是进行水权制度改革，实施水权初始分配是建立和改革水权制度的工作基础。针对河北省的水资源短缺现状以及全省农用水资源管理存在的主要问题，提出了改革水管体制、明晰水权、建立水权市场、建立农用水资源管理模式等解决对策；并提出将层次分析法、模糊综合评判法应用于初始水权分配。

2006 年，李磊（2006）对建设节水型社会所涉及的基础理论，即产权理论、水权理论和公共资源管理理论等进行归纳总结，通过对河北省衡水市桃城区节水型社会建设农业节水实例分析，对全区水资源状况进行细致的调研，提出了水权分配应遵循的基本原则

"总量控制、定额管理、分水到户、节奖超罚"，为实现从供水源头及用水各个环节上控制水资源使用奠定了基础。

2008 年，成自勇等（2008）建立了以"基于遥感 ET 技术的宏观总量控制和微观定额管理"的水权分配模型，通过明晰不同用水户初始用水权，提高水资源利用效率、合理开发水资源，完成水资源的合理优化配置，最终实现水资源可持续利用的目的。

2009 年，陈彩虹等（2010）将模糊优选理论应用于黑龙洞泉域水资源利用研究。在对水权理论进行综合分析的基础上，以公平性、有效性、可持续性原则作为水权第一层次初始分配的整本原则，建立了相应的指标体系。通过隶属度的分析计算，得出初始水权分配的权重，将初始水权分配到全域内各县，解决了全域各县的竞争用水问题。

2012 年，高飞等（2012）提出利用 ET 理论来进行地下水管理，控制地下水开采量，用水权来完善 ET 管理，为河北省利用 ET 管理地下水和水权分配的探索提供了有益的尝试。

2.3.3　试点实施阶段

在理论研究取得一定成果之后，成安县、衡水桃城区、馆陶县等部分县（区）依托节水型社会建设、全球环境基金（GEF）项目资金，开始了水权改革的实践与探索，对节约利用水资源有一定的促进作用。但成安县、桃城区试点研究中所指水权，均是按以需定供理论配置的水权，按用水定额及灌溉面积分配到用水户，而不是基于水资源承载力进行的水权配置，与国家提出的"以水定城"发展战略相违背；馆陶县试点研究中将单位面积上的降雨入渗量以水权的形式全部配置给农业，未考虑其他行业用水需求，与实际情况不符。上述问题导致试点经验很难推广，且不宜推广。

1. 成安县水权改革探索——总量控制、定额管理、分水到户、节奖超罚

2004 年 6 月，成安县被列为河北省 3 个节水型社会建设试点之一。成安县以"总量控制、定额管理、分水到户、节奖超罚"为改革思路，将用水总量以取水许可证的形式分配到村用水者协会，推行用水总量控制；协会按照制定的用水定额，分水到户、分水到单位。对工业企业用水也参照省水利厅制定的定额进行了细化和量化，并实行了计划用水和总量控制的管理办法。用水量在分配的用水总量指标之内时，收取平价水费包括基本电费、管理费、维修费等，不收水费，超总量的每立方米加征 0.1 元水费。通过实施该改革模式，公众节水意识明显增强，农民由原来的盲目灌溉转变为在专家指导下的科学灌溉，作物亩次灌水量平均下降 $10m^3$ 左右，浇地成本明显下降。

2. 衡水市桃城区水权改革探索——明晰水权、提补水价

衡水市桃城区为国家级节水型社会建设试点，2004 年 10 月，桃城区在河沿镇种高村实施"明晰水权"的改革办法——成立农民用水者协会，根据每户的人口、耕地等情况，按用水定额进行水量分配，把水像土地一样分到户。水权分配后，种高村的用水量由平水年的 40 万 m³ 下降到 26 万 m³，粮食产量却与往年持平。但受天气、种植方式、水文等影响，定额控制很难，难以实现水权的有偿转让。

3. 馆陶县水权改革探索——基于 ET 的水权分配方法

馆陶县于 2004 年起利用全球环境基金赠款开展馆陶县水资源与水环境综合管理规划项目，使 ET 理论与水权分配相结合，更具有可操作性。馆陶县的具体做法是，把降雨入渗补给地下水部分的水量作为可控水量即水权，分配到乡镇、村、各家各户即地块。变传统的管理为以 ET 为水权决策基线的可操作管理模式，全面实施工程节水、农业节水和管理节水措施，减少蒸腾蒸发的无效消耗，实现地下水的零超采，并使年 ET 总量等于当地年均降水量，确保了农业和国民经济的持续发展和农村社会的稳定。

第3章 河北省初始水权配置理论研究[①]

初始水权的配置源于水危机的产生，水危机的特点直接影响着配置的内容、深度和方法。本章以河北省为典型区，通过分析河北省水资源短缺压力成因及缓解对策，找出缺水地区初始水权配置的切入点；通过分项评估缓解对策对河北省水资源短缺状况的缓解效果，论证定位的缺水地区初始水权配置切入点的合理性和可行性；通过剖析水权配置与水资源优化配置对缓解水资源压力对策的作用机理，厘清缺水地区初始水权配置机理，提出适宜河北省及其他缺水地区初始水权配置框架。

3.1 河北省水资源短缺压力评价

结合资源型缺水地区的水资源开发利用特点选择评价指标构建评价指标体系，客观分析导致水资源短缺压力的直接和间接原因以及影响程度的大小，对河北省水资源短缺压力进行评价，衡量区域水资源状况和区域人口、经济、环境之间的关系是否协调，剖析河北省水资源短缺压力的主要成因，以期为厘清河北省及其他缺水地区初始水权配置机理奠定基础。

3.1.1 水资源压力评价指标体系构建

根据《2007 中国可持续发展战略报告——水：治理与创新》对水资源压力评价的指标选取原则，将资源型缺水地区的水资源压力归纳为以下几方面：①水资源先天禀赋压力；②水资源与社会经济要素的组合压力；③水资源开发压力；④水资源利用压力。同时，为全面分析区域水资源压力，避免指标间的高度相关和重叠对评价结果造成失真的影响，结合区域性、可获取性、客观性原则，从上述几方面选取相应的区域水资源压力评价指标，具体如下。

1. 水资源先天禀赋压力

水资源先天禀赋压力指标从水资源的绝对丰缺程度和相对丰缺程度两个方面选取。区域

---

① 本研究现状年选取地下水超采综合治理试点实施前的平水年 2013 年，节水潜力分析及供需水预测水平年选取 2020 年，全书同。

水资源的绝对丰缺程度从水资源空间分布的角度去衡量,用单位耕地面积上的水资源量,即亩均水资源量反映。考虑到当区域亩均水资源量相同时,由于承载的人口规模不同,对区域水资源承载力会形成不同压力,选用人均水资源量来反映区域水资源的相对丰缺程度。因此,水资源先天禀赋压力可以通过人均水资源量和亩均水资源量两个指标反映。

2. 水资源与社会经济要素的组合压力

区域经济发展依托于各种资源要素,形成不同的产业布局。然而,在资源型缺水地区,水资源作为经济发展的基础性资源,普遍存在时空分布不均衡、与其他资源要素及产业布局呈现不同程度的逆向配置,部分地区水资源成为经济发展的制约瓶颈。因此,水资源与社会经济要素的空间组合是否协调是区域经济发展的关键点。河北省作为传统的农业大省和人口大省,耕地面积、粮食、人口作为主要的资源要素支撑着社会经济发展。经济要素则通过经济综合发展水平的地区生产总值体现。因此,可选取区域内各地区耕地面积、粮食、人口、地区生产总值四项指标在区域总量中的占比与其水资源在区域水资源总量的占比,来衡量水资源与社会经济要素的组合压力。

3. 水资源开发压力

为解决水资源短缺问题,河北省在努力提升当地地表水及再生水等非常规水供水能力的同时,积极实施跨流域(流域内)调水工程,但仍不能满足用水需求,其缺口则只能靠大量超采地下水进行弥补。为客观反映水资源开发强度,可选用水资源新鲜用水量占水资源总量的比值、地下水超采率、地表水开发利用程度作为衡量水资源开发压力的指标。

4. 水资源利用压力

通常,水资源利用压力主要通过取水结构、用水结构、用水效率、节水水平四个方面来体现,故本次水资源利用压力指标从能够客观反映上述四个方面的现状来选取。

(1)反映取水结构的指标。为满足用水需求,资源型缺水地区存在不同程度的地下水超采、非常规水利用不合理并存的局面,进而形成不合理的取水结构,不仅导致水资源的浪费,且造成一系列地质灾害和水环境问题。因此,选取地下水取水量占总供水量的比例、非常规水利用量占总供水量的比例作为衡量取水结构合理性的指标。

(2)反映用水结构的指标。近年来随着社会经济的快速发展,河北省用水结构也在逐年发生变化。根据河北省 1990~2013 年用水量资料显示,农业用水量占比逐年降低,但仍为用水大户,同时由于生活水平的提高,生活用水量逐年上涨。因此,选取亩均灌溉用水量、第一产业用水量占总用水量的比例、城镇和生活人均日用水量作为衡量用水结构合理性指标。

(3)反映用水效率的指标。单位用水量所带来的产值或增加值及节水设施的建设在很大程度上综合反映了水资源的利用方式、技术和管理水平，体现了用水效率。因此，选取三次产业万元增加值用水量、节水灌溉面积占有效灌溉面积的比例、单方灌溉水粮食产量作为衡量指标。

综上，水资源短缺压力分析评价体系由区域水资源的先天禀赋条件、社会经济要素与水资源的空间组合、水资源综合开发水平及利用水平四个方面的 20 项评价指标组成，具体框架体系见图 3-1。其中，正向指标反映水资源短缺压力随着指标值的增加而增加，逆向指标反映水资源短缺压力随着指标值的增加而减小。

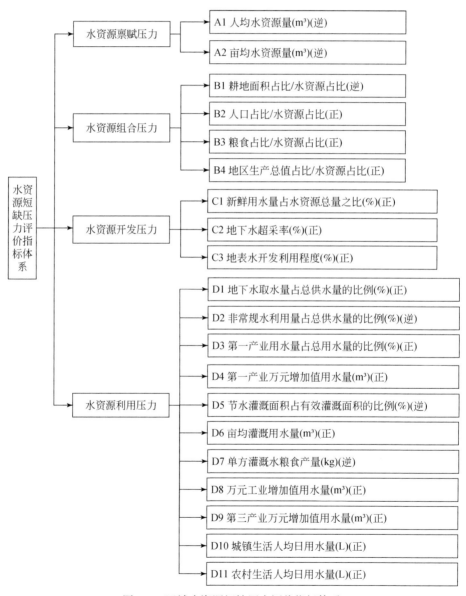

图 3-1　区域水资源短缺压力评价指标体系

3.1.2 区域水资源压力评价方法确定

近年来，我国学者从不同角度、采用不同方法对水资源压力展开了研究，有代表性的水资源压力评价方法有判断矩阵法、层析分析法、神经网络法等，它们均属于传统的统计分析方法，其共同特点是"对数据结果或分布特征先作某种假定，按照一定准则建立显式评价函数，对建立的评价函数模型进行证实"（王玉宝，2010）。由于形式化、数学化等的局限性，上述方法对高维、非线性、非正态分布的适应能力不强。为了更客观地判断区域水资源压力因素，本研究采用投影寻踪法。

投影寻踪法（projection pursuit，PP）是近代统计学的一类新型统计方法，用来分析和处理高维观测数据，特别适用于处理非线性和非正态分布高维数据。该方法的思想是通过聚类分析法将高维数据投影到低维子空间上，寻找出能反映高维数据结构或特征的投影，达到分析研究高维数据的目的。其主要优点是，模型本身对数据和样本容量没有特别要求，在处理数据时不需要做人为假定，不会损失大量有用的信息，克服了高维数据造成的"维数祸根"困难，并且可以排除与数据结构和特征无关或关系很小的变量的干扰，且能自动找出数据的内在规律，是一种比传统分析法更稳健、适用的方法，能有效解决实际问题。目前，该方法与传统分析法和算法相结合提供了多种新方法，如基于粒子群优化的投影寻踪算法、投影寻踪动态聚类分析法；且在分析评价中得到广泛应用，如水资源的优化配置分析、水质评价分析、洪水灾情的评估、节能降耗的评价研究。

结合水资源短缺压力评价指标，应用投影寻踪法进行区域水资源短缺压力分析的基本思路为：①确定样本集。研究样本为研究区域内的各个地市。②构造投影指标函数，寻找最佳投影。应用 Friedman-Tukey 投影指标构造投影指标函数，对所有样本的各项压力指标值进行聚类分析、优化投影指标函数得到最佳投影方向。③根据最佳投影方向的投影值分析各项主导压力因素。④对区域水资源短缺压力作出总体评价。具体步骤如下：

步骤 1，归一化处理评价指标值。

区域共有 n 个城市，选取的评价指标为 p 个，由 x_{ij}^* 表示第 i 个样本城市的第 j 个评价指标，则样本评价指标值构成的样本集为 $X=(x_{ij}^* \mid i=1, 2, \cdots, n; j=1, 2, \cdots, p)$。由于样本评价指标值具有不同的量纲，无法度量指标值间的变化幅度范围，因此可通过归一化处理以消除各种评价指标值的量纲。具体如下：

对于评价指标体系中的正向指标，采用式（3-1）进行归一化处理。

$$x_{ij}^* = \frac{x_{ij}^* - \min x_{ij}^*}{\max x_{ij}^* - \min x_{ij}^*}（正向指标）\tag{3-1}$$

对于评价指标体系中的逆向指标，采用式（3-2）进行归一化处理。

$$x_{ij}^* = \frac{\max x_{ij}^* - x_{ij}^*}{\max x_{ij}^* - \min x_{ij}^*}（逆向指标）\tag{3-2}$$

步骤 2，构造投影指标函数 $Q(a)$。

经过归一化处理的样本指标值，可用 p 维数据 $\{x_{ij} | j=1, 2, \cdots, p\}$ 表示。投影寻踪法是将 p 维数据 $\{x_{ij} | j=1, 2, \cdots, p\}$ 综合成一个以 $a=(a_1, a_2, \cdots, a_p)$ 为投影方向的一维投影值 $z_i(i=1, 2, \cdots, n)$，对研究区域地市的水资源压力进行比较。

$$z_i = \sum_{j=1}^{p} a_j x_{ij}(i=1,2,\cdots,n)\tag{3-3}$$

投影指标是对投影方向的度量和评估，在综合投影值时，要求投影值 z_i 具有如下散布特征：局部投影点尽可能密集，最好能凝聚成若干个点团，而在整体上投影点团间尽可能散开。为此，本节采用 Friedman-Tukey 的密度型投影指标，指标函数表示为

$$Q(a) = S(a)D(a)$$

$$S(a) = \left[\frac{\sum_{i=1}^{n}(z_i - E)^2}{n-1}\right]^{1/2} = \left[\frac{\sum_{i=1}^{n}(\sum_{j=1}^{p} a_j x_{ij} - E)^2}{n-1}\right]^{1/2}\tag{3-4}$$

$$D(a) = \sum_{i=1}^{n}\sum_{j=1}^{n}(R - r_{ij})u(R - r_{ij})\tag{3-5}$$

$$u(R - r_{ij}) = \begin{cases} 1 & (R-r_{ij}) \geqslant 0 \\ 0 & (R-r_{ij}) < 0 \end{cases}$$

式中：$S(a)$ 为度量类间散开度，用投影值 z_i 的标准差代替；$D(a)$ 为沿投影方向 a 投影后的投影值 z_i 的局部密度，度量类内密集度；E 为投影值 $Z_i(i=1, 2, \cdots, n)$ 的均值；R 为局部密度窗口半径，取值根据实验确定，与数据结构和特征有关；$u(R-r_{ij})$ 是单位阶跃函数；r_{ij} 为样本间的距离，$r_{ij} = |z_i - z_j|$。

步骤 3，优化投影指标函数。

高维数据的结构特征通过投影方向得以反映，而投影方向的优劣是由投影指标函数值度量的，因此，能反映高维数据结构特征的最佳投影方向，可以通过求解投影指标函数的最大化得以估计，即

目标函数 $$\max Q(a) = S(a)D(a)\tag{3-6}$$

约束条件 s. t. $\sum_{j=1}^{p} a_j^2 = 1$ 且 $a_j(j=1,2,\cdots,p) \geqslant 0$ （3-7）

上述优化问题属于非线性优化问题。由 $u(R-r_{ij})$ 函数与 r_{ij} 函数的定义可知，目标函数 $Q(a)$ 是一个不连续函数，且某些点不可微，无法采用传统优化方法进行求解。本节采用实数编码遗传算法。

经计算所得的最优投影方向用 $a_j^*(j=1, 2, \cdots, p)$ 表示，各分量的大小反映水资源短缺压力因素的影响程度，可以客观地评价造成区域水资源压力的主要因素。

步骤 4，综合排序。

依据最佳投影方向 a_j^* 与归一化的评价指标值，根据式（3-3）可求得所有样本的投影值，用 $z_i^*(i=1,2,\cdots,n)$ 表示。z_i^* 为样本城市的综合评价得分，分值越高表明水资源短缺压力越大。依据分值高低依次排序，可以对区域各地市的相对水资源短缺压力进行总体评价。

3.1.3 河北省水资源压力评价结果

从长远角度看，水资源短缺压力是一个动态变化过程，但在短期内具有一定的稳定性。考虑到水权配置确定的水权额度是能立即兑现的水量，受降水条件、上游来水情况、供水工程条件和经济用水需求等影响较大。同时，河北省水权制度改革尚处于探索阶段，基础配套设施有待进一步完善，本次探索提出的确权方法还有待进一步验证。为保障各用水户的即期利益，取水权设定为短期水权。故本次水资源压力成因分析主要考虑的是近期水资源短缺压力和主导因素。本研究以 2013 年为基准年，以全国的 31 个省（直辖市、自治区)[①] 和河北省的 11 个地级市为研究对象，对河北省的水资源压力成因进行分析。

1. 数据的来源

（1）人口、粮食产量、地区生产总值、各行业产值（增加值）等数据来源于相关年份河北统计年鉴。

（2）各业用水量、地下水取水量、新鲜用水量、再生利用水量、地表水供水量等水量数据来源于相关年份中国水资源公报和河北省水资源公报。

（3）耕地面积、有效灌溉面积、节水灌溉面积等数据来源于相关年份中华人民共和国自然资源部官网、中国水利统计年鉴、河北水利统计年鉴。

（4）水资源总量、浅层地下水可开采量、地表水可利用量等数据来源于全国水资源综合规划及河北省水资源评价（第二次）。

全国各行政区水资源短缺压力评价指标值见附表 2，河北省各地市水资源短缺压力评价指标值见附表 3，部分指标经原始数据计算得到。

2. 水资源压力评价

根据附表 2 的全国各行政区评价指标值，按照投影寻踪法进行区域水资源短缺压力分析的具体步骤，应用 Matlab 软件进行计算，得到我国各水资源短缺压力因素最佳投影方向，在此基础上经步骤 4 计算得出全国各行政区的综合评价得分，具体排序见表 3-1。从

---

① 暂不包括港澳台，全书同。

表 3-1 中可知，河北省水资源压力在全国 31 个省级行政区中仅次于宁夏、上海、天津和北京排名第 5，在全国 13 个粮食主产区中排名第 1，在 GDP 全国前 10 名的行政区中排名第 1。可以看出，对于水资源禀赋先天不足的河北省，经济发展及粮食生产的定位导致其水资源短缺压力比全国其他行政区大。

表 3-1　全国各行政区水资源压力值排序表

行政区	水资源压力值	排名	行政区	水资源压力值	排名
宁夏	2.5036	1	青海	1.4865	17
上海	2.4837	2	山西	1.4864	18
天津	2.382	3	西藏	1.4864	19
北京	2.1429	4	海南	1.4776	20
河北[*#]	1.8923	5	福建	1.4609	21
新疆	1.8766	6	内蒙古[*]	1.4575	22
江苏[*#]	1.8052	7	湖北[*#]	1.4574	23
河南[*#]	1.7286	8	陕西	1.4333	24
广西	1.7134	9	湖南[*#]	1.4319	25
黑龙江[*]	1.6101	10	吉林[*]	1.34	26
甘肃	1.6036	11	贵州	1.3051	27
山东[*#]	1.5574	12	浙江[#]	1.2936	28
辽宁[*#]	1.5089	13	云南	1.2837	29
江西[*]	1.4958	14	四川[*#]	1.2199	30
广东[#]	1.4901	15	重庆	1.0363	31
安徽[*]	1.4879	16	—	—	—

注：带"*"号的为全国粮食主产区，带"#"号的为 GDP 全国前 10 名的行政区。

3. 水资源压力主要成因分析

根据附表 3 的河北省各地级市评价指标值，同样采用投影寻踪法计算得到最佳投影方向：a =（0.127，0.085，0.094，0.106，0.043，0.046，0.007，0.070，0.039，0.104，0.016，0.072，0.084，0.023，0.011，0.012，0.014，0.023，0.006，0.018），各评价指标对应的投影值反映了各评价指标对河北省水资源短缺压力的影响程度，水资源短缺压力各评价指标的最佳投影方向见图 3-2。

由图 3-2 可知，对河北省水资源短缺压力有显著影响的评价指标依次为：A1（人均水资源量）、B2（人口占比/水资源占比）、D1（地下水取水量占总供水量的比例）、B1（耕

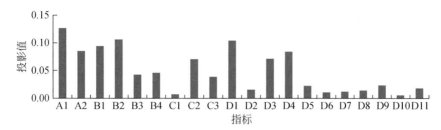

图 3-2 各评价指标的最佳投影方向

地面积占比/水资源占比)、A2(亩均水资源量)、D4(第一产业万元增加值用水量)、D3（第一产业用水量占总用水量的比例)、C2（地下水超采率)、B4（地区生产总值占比/水资源占比)、B3（粮食占比/水资源占比)、C3（地表水开发利用程度)和 D5（节水灌溉面积占有效灌溉面积的比例)。可见，河北省水资源短缺压力为水资源禀赋压力、水资源组合压力、水资源开发压力和水资源利用压力，四种压力并存。

1）水资源禀赋压力

河北省水资源禀赋压力主要体现在人均水资源量及亩均水资源量较小。从附表 2 中可知，由少到多排列，河北省人均水资源量、亩均水资源量，在全国 31 个行政区和全国水资源压力最大的 8 个行政区中排名分别为第 6 名和第 3 名（表 3-2，图 3-3）。究其原因有二：一是水资源禀赋条件先天性不足。河北省多年平均降水量为 531.7mm，由少到多排列位居全国第 8 位，水资源量总量仅为全国的 0.6%；二是承载人口多加剧了水资源的匮乏程度。2013 年河北省总人口达 7332.6 万人，占全国总人口的 5.3%，用全国 0.6%的水资源养活了全国 5.3%的人口。缓解此方面压力的主要措施就是要加强区域降水入渗能力、蓄水能力及引调水能力。

表 3-2 全国水资源压力最大 8 个行政区水资源禀赋压力分析

行政区	水资源压力综合排名	人均水资源量/m³	亩均水资源量/m³
宁夏	1	174.3	68.6
上海	2	115.9	765.0
天津	3	99.2	220.7
北京	4	117.3	713.6
河北	5	239.9	185.6
新疆	6	4222.1	1545.2
江苏	7	357.1	396.7
河南	8	226.4	179.2

注：各行政区水资源总量数据来源于 2013 年中国水资源公报。

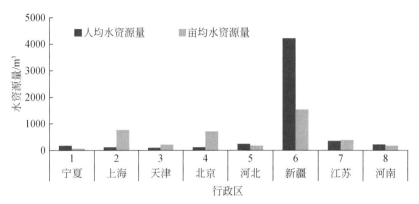

图 3-3　全国水资源压力最大 8 个行政区水资源禀赋压力分析

2）水资源组合压力

水资源组合压力主要表现在水资源与社会经济要素的错位组合。河北省水资源组合压力主要体现在人口占比/水资源占比、耕地面积占比/水资源占比、地区生产总值占比/水资源占比、粮食占比/水资源占比等方面。从附表 2 中可知，由大到小排列，河北省人口占比/水资源占比、耕地面积占比/水资源占比、地区生产总值占比/水资源占比、粮食占比/水资源占比，分别位居全国第 6 名、第 3 名、第 7 名和第 3 名，在全国水资源压力最大的 8 个行政区中排名分别为第 6 名、第 3 名、第 6 名和第 3 名（表 3-3，图 3-4）。究其原因则是：水资源禀赋条件先天不足，但却承载了与自身水资源承载力极不相符的人口、耕地、经济发展及粮食生产规模。水资源要素对转变经济发展方式的倒逼机制没有真正形成，缓解此方面压力的主要措施是，要推进水资源供给侧和需求侧改革任务，以水资源承载能力为约束，优化配置水资源，合理规划城市规模、调整产业结构及确定经济发展总目标，这也是水权配置必须考虑的重要因素之一。

表 3-3　全国水资源压力最大 8 个行政区水资源组合压力分析

行政区	水资源压力综合排名	人口占比/水资源占比	耕地面积占比/水资源占比	地区生产总值占比/水资源占比	粮食占比/水资源占比
宁夏	1	1183.9	2223.4	998.50	1521.33
上海	2	1779.5	199.5	3423.70	189.44
天津	3	2080.3	691.7	4367.84	555.77
北京	4	1759.3	213.9	3489.42	179.98
河北	5	860.0	822.2	714.00	888.53
新疆	6	48.9	98.8	38.81	66.90
江苏	7	577.8	384.7	926.07	560.80
河南	8	911.3	851.6	669.63	1245.34

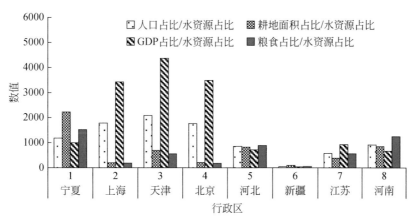

图 3-4　全国水资源压力最大 8 个行政区水资源组合压力分析

3）水资源开发压力

从附表 2 中可知，河北省水资源开发压力主要体现在地下水超采严重及地表水开发利用程度低，地下水超采率、地表水开发利用程度由多到少排列，在全国 31 个行政区中排名分别为第 2 名和第 8 名，在全国水资源压力最大的 8 个行政区中排名分别为第 2 名和第 7 名（表 3-4，图 3-5）。究其原因主要有二：一是地表水供水工程供水条件不完善。地表水开发利用程度远低于全国水资源压力最大 8 个行政区的宁夏、上海、江苏、天津。二是水资源优化配置的市场机制不健全。现行水价与全省水资源稀缺程度不相适应，地下水用水成本低于地表水等其他水源用水成本。迫切需要在加大完善地表水供水工程建设力度的同时，构建以水权为基础的反映水资源稀缺程度和供水成本的水利工程供水价格机制。

表 3-4　全国水资源压力最大 8 个行政区水资源开发压力分析

行政区	水资源压力综合排名	地下水超采率/%	地表水开发利用程度/%
宁夏	1	41.7	698.9
上海	2	8.8	539.9
天津	3	200.7	150.0
北京	4	76.0	88.3
河北	5	144.6	56.1
新疆	6	48.8	52.1
江苏	7	11.5	280.5
河南	8	89.0	82.0

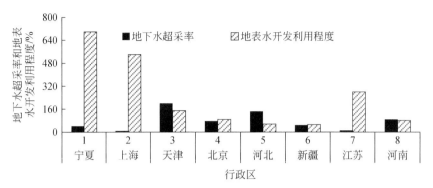

图 3-5　全国水资源压力最大 8 个行政区水资源开发压力分析

4）水资源利用压力

从附表 2 中可知，河北省地下水取水量占总供水量的比例由多到少排列位居全国第 1 名，但非常规水利用量占总供水量的比例却不高，在全国 31 个行政区中排名第 6，在全国水资源压力最大的 8 个行政区中排名第 3。第一产业用水量占总水量的比例为 71.9%，位居全国第 9 名，仅略低于新疆、西藏、宁夏、黑龙江、甘肃、青海、海南、内蒙古等 8 个欠发达省（自治区），但第一产业万元增加值用水量，排名仅为第 26 名，在全国水资源压力最大的 8 个行政区中排名为第 7 名。耕地实际灌溉面积亩均用水量 238m³，由少到多排列位居全国第 4 名，在全国水资源压力最大的 8 个行政区中排名为第 2 名。节水灌溉水平 66.7%，由多到少排列位居全国第 6 名，在全国水资源压力最大的 8 个行政区中排名为第 3 名（表 3-5，图 3-6、图 3-7）。

表 3-5　全国水资源压力最大 8 个行政区水资源利用压力分析

行政区	水资源压力综合排名	地下水取水量占总供水量的比例/%	非常规水利用量占总供水量的比例/%	第一产业用水量占总用水量的比例/%	第一产业万元增加值用水量/m³	耕地实际灌溉面积亩均用水量/m³	节水灌溉率/%
宁夏	1	7.8	0.3	88.1	2856.5	819	37.2
上海	2	0.1	0.0	13.2	1260.6	495	76.0
天津	3	23.9	7.6	52.1	657.8	244	57.4
北京	4	54.9	22.0	25.0	562.4	313	133.1
河北	5	75.6	2.6	71.9	393.1	238	66.7
新疆	6	19.5	0.2	94.8	3798.3	651	65.9
江苏	7	1.6	0.0	52.3	828.0	465	53.0
河南	8	57.7	0.3	58.9	348.9	197	26.1

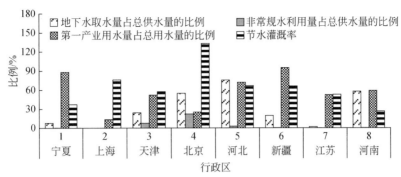

图 3-6 全国水资源压力最大 8 个行政区水资源利用压力分析（1）

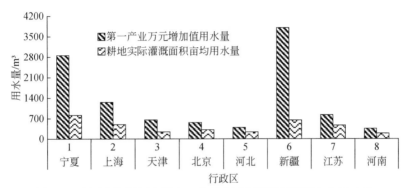

图 3-7 全国水资源压力最大 8 个行政区水资源利用压力分析（2）

可见，河北省水资源利用压力主要体现在水资源供水结构不合理、产业用水结构不合理、水资源利用效率不高等方面。其中用水结构不合理主要体现在全省高耗水小麦、蔬菜等用水占农业用水总量过大。究其原因，则同样是水资源要素对转变经济发展方式的倒逼机制没有真正形成，水资源对经济发展的硬约束未凸显，水价与全省水资源稀缺程度不相适应，现行水资源优化配置与全省水资源稀缺程度不相适应，节水压采内生动力不足。上述问题迫切需要通过水权制度改革予以解决，研究如何通过统筹多种水源、明晰水权，倒逼供水能力的充分发挥、取用水结构的优化、节水能力的提高、各产业用水效率的提高及水资源向高效益用水产业的流转。

3.2 缓解河北省水资源短缺压力的对策

3.2.1 适当开源，提高区域水资源承载力

1. 不断提升地表水供水能力

为扭转不合理的取水结构，提升地表水供水能力，河北省紧紧围绕党中央国务院相继

出台的加快水利改革发展、保障国家水安全的决策部署，全力推进南水北调中线一期工程、引黄工程、双峰寺水库等一系列重大水资源配置工程，按照规划设计，上述工程建成后，2020 年地表水供水能力可由现状的 48 亿 m^3 提升到 95 亿 m^3 左右，不仅在一定程度上解决取水结构不合理问题，还能为未来经济发展提供水资源保障。可以说这是缓解河北省水资源短缺压力的重要举措。

2. 加快推进非常规水源开发利用

现状年微咸水、再生水、集雨工程、海水淡化等非常规水源利用量仅为 5.0 亿 m^3，占供水总量的 2.6%，远低于同属华北严重缺水省市的北京、天津和山西省的 22.0%、7.6% 和 6.1%，与河北省严重缺水态势极不匹配。经测算，到 2020 年非常规水开发利用量可达 17.6 亿 m^3，较现状年可增加 12.6 亿 m^3 的供水能力。可见，鼓励使用非常规水源是缓解河北省水资源短缺压力的主要措施之一。

3.2.2 全面节流，抑制用水需求过快增长

目前河北省各行业用水水平居全国前列，但与国内外先进水平还有一定差距（详见附表 1 和附表 2），与全省严峻的缺水形势要求还有差距，还需充分挖掘节水潜力。

本次考虑常规节水和高效节水两种节水水平分别分行业计算节水潜力。常规节水水平是在现有节水水平和相应的节水措施基础上，基本保持现有的节水投入力度，充分考虑用水户实际用水需求进行的节水潜力计算；高效节水水平是在常规节水水平基础上，在全省实施最严格水资源管理制度框架下，进一步加大节水投入力度，强化需水管理，抑制需水过快增长，提高用水效率和节水水平等各种措施后，进行的节水潜力计算。

由于水资源严重短缺，河北省境内的环境用水多年处于欠缺状态，几乎没有节水潜力可挖。故综合节水潜力计算仅包括生活、工业和农业三方面。经计算，到 2020 年正常年份，常规节水水平下节水量可达 35 亿 m^3 左右、高效节水水平下节水量可达 50 亿 m^3 左右（表 3-6）。可见，充分挖掘节水潜力是缓解河北省水资源短缺压力的主要措施之一。

表 3-6 河北省综合节水潜力计算结果 单位：亿 m^3

节水水平	时间	合计		工业	农业		生活
		$P=50\%$	$P=75\%$		$P=50\%$	$P=75\%$	
常规节水水平	2014~2015 年	9.5	11.3	2.1	6.7	8.5	0.7
	2016~2020 年	24.4	29.0	6.0	16.3	20.9	2.1
	2014~2020 年	33.9	40.3	8.1	23.0	29.4	2.8

续表

节水水平	时间	合计		工业	农业		生活
		$P=50\%$	$P=75\%$		$P=50\%$	$P=75\%$	
高效节水水平	2014~2015 年	15.3	17.1	3.9	9.3	11.1	2.1
	2016~2020 年	34.0	38.6	7.9	23.5	28.1	2.6
	2014~2020 年	49.3	55.7	11.8	32.8	39.2	4.7

1. 努力挖掘生活节水潜力

根据水利部提出的生活节水潜力计算公式，将节水器具普及率提高后产生的节水量和供水管网改造减少的漏损水量之和作为生活节水潜力。各项节水指标参考《河北省水中长期供求规划》《河北省水资源综合规划》《河北省节水型社会建设"十二五"规划》《河北省最严格水资源管理制度实施方案》及国内先进水平确定。节水潜力分析中包括城镇生活用水和农村生活用水，其中城镇生活用水由居民用水和公共用水（含第三产业用水）组成。由于全省农村生活用水水平较低，故认为暂无潜力可挖，不计入节水潜力分析之列，节水潜力分析仅考虑城镇节水。

常规节水水平，根据《河北省最严格水资源管理制度实施方案》结合实际情况，2020年管网漏损率降至12.0%，根据《河北省节水型社会建设"十二五"规划》结合现状河北省节水器具安装的实际情况，2020年节水器具普及率提高到65%。

高效节水水平，按照《城市供水管网漏损控制及评定标准》（CJJ92—2002），城市供水企业管网基本漏损率不应大于12%确定，2020年供水管网漏损率降至10%计算，节水器具普及率比常规节水方案进一步提高，提高至100%。

生活节水潜力计算公式如下：

$$W_s = W_0 - W_0 \times \frac{1-L_0}{1-L_t} + R \times J_z \times (P_t - P_0)/10\,000\,000 \tag{3-8}$$

式中：W_s 为城镇生活节水潜力（亿 m^3）；W_0 为现状自来水厂供出的城镇生活用水量（亿 m^3）；L_0 为现状水平年供水管网漏损率（%）；L_t 为规划远期水平年供水管网漏损率（%）；R 为现状城镇人口（万人）；J_z 为采用节水型器具的人日可节水量（L）；P_0 为现状年水平年节水器具普及率（%）；P_t 为规划远期水平年节水器具普及率（%）。

按节水计算公式计算，2014~2020年，常规节水水平可实现节水2.8亿 m^3；高效节水水平下可实现节水4.7亿 m^3。计算结果详见表3-7。为确保计算结果的准确性，以2016~2020年常规节水条件下节水潜力为核算对象，采用分项核算的方法对生活节水潜力计算成果进行了复核，见附表4。

表3-7 生活节水潜力计算结果

节水水平	时间	水平年	城镇人口/万人	用水定额/[L/(人·d)]	管网漏损率/%	节水器具普及率/%	用水量/亿 m³	节水潜力/亿 m³
常规节水水平	2014～2015 年	2013 年	3528.5	98.6	18.3	25	12.7	0.7
		2015 年	4100.0	112.0	14.5	30	16.1	
	2016～2020 年	2015 年	4100.0	112.0	14.5	30	16.1	2.1
		2020 年	4424.0	141.0	12.0	65	20.7	
	2014～2020 年							2.8
高效节水水平	2014～2015 年	2013 年	3528.5	98.6	18.3	25	12.7	2.1
		2015 年	4100.0	112.0	12.0	50	14.6	
	2016～2020 年	2015 年	4100.0	112.0	12.0	50	14.6	2.6
		2020 年	4424.0	141.0	10.0	100	20.1	
	2014～2020 年							4.7

2. 适度挖掘非农生产节水潜力

非农生产包括工业和建筑业，考虑到建筑业用水量较少，且目前用水水平较高，节水潜力较小，故建筑业用水不计入节水潜力分析之列。工业节水潜力包括产业结构调整、工艺技术改造与升级、供水管网改造、污水回用等措施的节水潜力。各项节水指标主要参考《河北省最严格水资源管理制度实施方案》《河北省水中长期供求规划》及国内先进水平等确定。

常规节水方案，考虑满足《河北省最严格水资源管理制度实施方案》要求，本次结合相关部分对产业结构调整、工艺技术改造与升级的规划，万元工业增加值用水量按累计下降27%以下计算，到2020年为13.5m³/万元。

高效节水方案，考虑河北省推行工业节水、循环经济、淘汰耗水量大的小企业、小机组、小高炉（转炉）等因素，总体分析，河北省工业用水总的增长趋势会有所减缓，在2020年增长速率放缓。同时，随着全省进一步化解过剩产能，产业结构进一步向耗水量少、水重复利用高的行业转变，结合全国先进水平及《河北省水中长期供求规划》，预计到2020年全省的万元工业增加值用水量将降至11.0m³/万元。

节水潜力计算公式如下：

$$W_g = Z_0 \times (Q_0 - Q_t) \tag{3-9}$$

式中：W_g 为工业节水潜力（亿 m³）；Z_0 为现状水平年工业增加值（亿元）；Q_0 为现状水平年万元工业增加值用水量（m³）；Q_t 为规划远期水平年万元工业增加值用水量（m³）。

按节水计算公式计算，2014～2020年，常规节水方案可实现新增年节水能力8.1亿 m³；高效节水方案下可实现新增年节水能力11.8亿 m³。计算结果见表3-8。

表 3-8　工业节水潜力计算结果

节水水平	时间	水平年	工业增加值 （2010 年可比价）/亿元	万元工业增加值 用水量/m³	工业节水潜力 /亿 m³
常规节水 水平	2014～2015 年	2013 年	13 333.1	18.9	2.1
		2015 年	15 783.0	17.3	
	2016～2020 年	2015 年	15 783.0	17.3	6.0
		2020 年	23 333.0	13.5	
	小计				8.1
高效节水 水平	2014～2015 年	2013 年	13 333.1	18.9	3.9
		2015 年	15 783.0	16.0	
	2016～2020 年	2015 年	15 783.0	16.0	7.9
		2020 年	23 333.0	11.0	
	小计				11.8

3. 深度挖掘农业节水潜力

农业节水潜力包括种植结构调整、节水工程、农艺节水等措施的节水潜力。

常规节水水平，仅考虑按照规划要求在节水灌溉工程及配套农艺措施（含大中型灌区续建配套与节水改造）的条件下的农业需水量，参照《河北省水中长期供求规划》《河北省农业高效节水灌溉实施规划（2014～2020 年)》《河北省节水型社会建设"十二五"规划》，到 2020 年末，节水灌溉工程面积从现状的 4352.9 万亩达到 5400.0 万亩，节水灌溉面积占有效灌溉面积的比例从 66.7% 达到 82.8%。经预测，常规节水条件下，到 2020 年，平水年（$P=50\%$）亩均农业需水将达到 200.0m³；偏枯水年（$P=75\%$），亩均农业需水将达到 212.0m³（表 3-9）。

表 3-9　河北省农业节水目标

水平年	有效灌溉 面积/万亩	在前一水平年基础上发展节水灌溉面积/万亩						累计节 水灌溉面 积/万亩	节水灌溉率 /%
		末级渠道防渗		高效节水灌溉		小计			
		发展面积	其中新增	发展面积	其中新增	发展面积	其中新增		
2013 年	6523.5	437.8	—	3915.1	—	—	—	4352.9	66.7
2020 年		355.0	120.0	1645.0	545.0	2000.0	665.0	5400.0	82.8

高效节水水平，随着河北省地下水超采治理工作的不断深入，农业节水灌溉工程建设不再是农业节水的唯一途径，调整农业种植结构，压减高耗水作物面积，实施非农作物替代农作物和退耕还林还草，推广旱作农业等措施，成为农业节水的不可或缺的另一方面。故河北省农业节水高效节水水平重点考虑农艺节水和种植结构调整以及严格水资源管理，通过农业水价改革等政策措施和市场机制，减少农业灌溉用水量。经预测，高效节水条件下，到2020年，平水年（$P=50\%$）亩均农业需水将达到185.0m³；枯水年（$P=75\%$），亩均农业需水将达到197.0m³。

节水潜力计算公式如下：

$$W_n = A_0 \times \left(\frac{Q_0}{\mu_0} - \frac{Q_t}{\mu_t} \right) \qquad (3-10)$$

式中：W_n 为农田灌溉节水潜力（亿 m³）；A_0 为现状灌溉面积（有效灌溉面积）（万亩）；Q_0 为现状作物加权净灌溉需水定额（m³/亩）；Q_t 为规划远期水平年作物加权净灌溉需水定额（m³/亩）；μ_0 为现状水平年灌溉水利用系数；μ_t 为规划远期水平年灌溉水利用系数。

如果农业按预期实现节水目标，经计算，常规节水水平下2016~2020年可实现节水量：平水年（$P=50\%$）为16.3亿 m³，偏枯水年（$P=75\%$）为20.9亿 m³。高效节水水平下2016~2020年可实现节水量：平水年（$P=50\%$）为23.5亿 m³，偏枯水年（$P=75\%$）为28.1亿 m³。计算结果见表3-10。

表3-10　农业节水潜力计算结果

节水水平	时间	情景	有效灌溉面积/万亩	灌溉水利用系数	用水净定额/(m³/亩)	节水潜力/亿 m³	用水净定额/(m³/亩)	节水潜力/亿 m³
					保证率 $P=50\%$		保证率 $P=75\%$	
现状		2013 年	6523.5	0.662	155.7	—	170.1	—
2016~2020 年		2015 年	6523.5	0.670	150.8	16.3	163.5	20.9
		2020 年	6523.5	0.680	136.0		144.2	
2016~2020 年		2015 年	6523.5	0.670	148.1	23.5	160.8	28.1
		2020 年	6523.5	0.680	125.8		134.0	

3.2.3　强化管理，倒逼供给需求动态平衡

1. 全面实施水资源优化配置

从供需平衡角度来分析，要解决河北省的缺水问题，必须开源节流两手抓，经3.2.1

节 ~3.2.2 节分析知，充分考虑地表水、地下水、非常规水及常规节水水平下的节水潜力，可供水量可达 240 亿 m³ 以上，完全可以满足河北省 2020 年 220 亿 ~240 亿 m³ 的用水需求。但考虑受经济、资源、意识等多重因素的影响，各地水资源需求、用水效率、水资源开发利用程度及潜力等都不尽相同，仅仅通过开源节流还不足以实现地区的水资源供需平衡，还需要通过水资源的优化配置，研究如何利用好水资源。具体来讲就是围绕以水资源可持续利用保障经济社会可持续发展的目标，遵循公平、高效、可持续的原则，利用工程措施和非工程措施，对各种可利用水源，分不同区域、不同用户，在时间和空间尺度上，进行供给与需求关系的协调，以保障每个地区的生产、生活、生态用水安全。经过水资源优化配置后才能真正实现区域水资源供需平衡。

2. 着力推进水权制度改革

河北省水资源短缺问题非常严重，产生这一问题的根本原因是以水资源需求膨胀、供应不足为表象的水价的扭曲及水资源的非市场化运作即用水者的经济动机激励失衡。据此建立用水激励函数：

$$Q = (1-k)bt \tag{3-11}$$

式中：Q 为用水主体的用水量；k 为激励系数；b 为单位时间用水主体的用水量；t 为用水时间。

从实际经济意义上规定 $b>0$，b 的值取决于用水主体的技术要求，k 的值取决于用水制度安排。根据 k 值的不同，作出激励函数图（图 3-8），并进行分析。

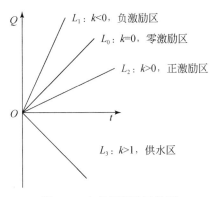

图 3-8　水市场激励函数图

当 $k=0$ 时为零激励，用水制度处于零激励状态，此时的水市场处于零激励区域，用水者的边际收益等于边际成本，用水者不考虑节水，也不考虑增加用水。这种状态是水市场达到一种均衡状态，水价格达到均衡价格的状态，称为帕累托最优状态。

当 $k>0$ 时为正激励，用水制度处于正激励状态，水市场处于正激励区域，用水者的边际收益小于边际成本，用水者考虑节水，用水量将降低。

在零激励区域，在完全竞争条件下技术进步导致水的边际成本降低时均衡被打破，帕累托最优被打破，这时水市场又变为正激励状态，重新开始从正激励状态到零激励状态的演变。水市场不断从正激励状态到零激励状态的循环，导致用水量的不断减少及水资源的优化配置，将逐步改善水资源短缺问题。

当 $k<0$ 时为反激励或负激励，用水制度处于负激励状态，此时的水市场处于负激励区域，用水制度是负激励用水制度，此时用水者的边际收益大于边际成本，用水者将增加用水，这样对用水者本身可以带来更大的收益。目前的水资源市场状况就处于负激励状态，表现为水资源的浪费。

以上分析表明，当激励系数为正时整个水资源供需体系为节水体系，表现为节水效应；当激励系数为负时整个水资源供需体系为不经济体系，表现为浪费效应；当激励系数为零时整个水资源供需体系为均衡体系，表现为均衡效应；均衡体系为水资源的帕累托最优体系。解决水资源供需矛盾的思路就在于，改变目前激励系数小于零的状况，建立正激励体系，最终达到均衡体系。

故解决水资源供需矛盾的思路就在于改变目前激励系数小于零的状况，建立正激励体系，最终达到均衡体系。这就要从激励用水者的经济利益出发，进行水权界定，建立水权交易市场，变外在激励为内在倒逼，倒逼用水者实施节水、调整产业结构、优化配置水资源，从而达到解决水资源短缺问题的目的。而要进行水权制度改革、建立水市场，其前提是要进行水权的界定。具体激励（倒逼）模型见图 3-9。

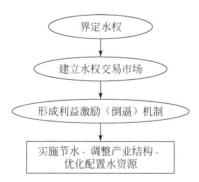

图 3-9　激励（倒逼）模型的构建流程

3.3　河北省水资源短缺缓解效果分析

结合河北省短缺压力及缓解对策，通过三次供需平衡分析评估提升地表水供水能力、推进非常规水源开发利用、全面挖掘节水潜力等措施对河北省水资源压力缓解作用。现状水平年为 2013 年，规划水平年为 2020 年。分析计算成果按照 $P=50\%$ 、 $P=75\%$ 2 个频率年给出。

3.3.1 可供水量预测

可供水量包括两部分：常规水可供水量，包括当地地表水、过境地表水、地下水、外调水（引江水、引黄水）；非常规水可供水量，包括再生水、微咸水、海水淡化水等。

1. 常规水可供水量

（1）地表水可供水量。根据《河北省水中长期供求规划》，河北省多年平均（1956～2000 年系列）当地地表水资源可利用量为 59.3 亿 m^3，地表水资源可利用率（即地表水资源可利用量与地表水资源量的比值）为 49.4%。近 10 年平均地表水供水量为 37 亿 m^3，各地级行政区 10 年最大供水量合计值为 47 亿 m^3。

现状地表水工程开发能力已大于地表水可利用量，为了使河道内维持一定比例的水量，需对地表水供水总量进行控制。按流域二级区多年平均地表供水总消耗量不大于地表水可利用量的原则，在全国水资源规划成果的基础上，结合河北省近 10 年实际供水情况，确定 2020 年为 57.0 亿 m^3。根据历年偏枯年份和一般年份可供水量的比例，2020 年偏枯年份（$P=75\%$）河北省地表水平均可供水量为 49.6 亿 m^3。

（2）浅层地下水可开采量。浅层地下水资源的可开采量是在经济合理、技术可行且不引起生态环境恶化的条件下多年平均地下水含水层中可以开采的最大水量。地下水可开采量受地下水补给条件和开采条件两个因素的制约。根据《河北省水资源评价》，全省多年平均浅层地下水可开采量为 99.0 亿 m^3。

（3）引江水分配水量。根据《南水北调工程总体规划》，中线一期工程分配给河北省分水口门水量 30.4 亿 m^3，扣除省内跨市干渠输水损失后，参与配置的水量为 27.9 亿 m^3，以城市生活及工业供水为主，兼顾部分高氟水地区的农村生活，可充分利用引江水量为 27.9 亿 m^3。

（4）引黄水分配水量。根据 1987 年国务院批复的黄河可供水量分配方案，河北省与天津合计分配的黄河水量为 20 亿 m^3。由于黄河地表径流量的变化，黄河水利委员会在《黄河及西北诸河流域水资源综合规划》中按同比例折减的原则对黄河配置水量进行了调整，在南水北调东、中线生效前，同比例折减后的河北省与天津黄河水配置水量为 18.44 亿 m^3。

根据河北省引黄工程规划，到 2020 年河北省引黄包括山东位山引黄，渠首引水量 6.2 亿 m^3，入省境水量 5.0 亿 m^3；河南渠村引黄（引黄入冀补淀），多年平均引水量 7.02 亿 m^3（最大为 9.0 亿 m^3），入省境水量 6.2 亿 m^3（在引黄入冀补淀工程实施前，通过邯郸市与河南濮阳市签订的供水协议，最大供水量为 3 亿 m^3）；合计引黄水量可达 13.2 亿 m^3，入省境水量 11.2 亿 m³；山东李家岸引黄入省境水量 1.0 亿 m³；小开河引黄入省境水量 0.79 亿 m³，合计引黄入境水量可达 12.99 亿 m³。另外，通过延长引水时间，优化引黄调度，力争使河北省引黄渠首水量达到 18.44 亿 m³，其中白洋淀生态水量 2.55 亿 m³，衡水湖生态水量 0.8 亿 m³，渤海新区工业水量 0.79 亿 m³，农业水量 14.3 亿 m³。扣除干渠输水损失后，参与配置的水量为 9.2 亿 m³。

综上所述，河北省引黄水参与配置的水量 2020 年为 9.2 亿 m³。$P=50\%$ 年份，2020 年河北省常规水可供水总量为 193.1 亿 m³；$P=75\%$ 年份，2020 年河北省常规水可供水总量为 185.7 亿 m³（表 3-11）。

表 3-11　河北省常规水可供水量表　　　　　单位：亿 m³

年份	保证率	可供水量					
		地表水	浅层地下水	外流域调水			合计
				引黄水	引江水	小计	
2020 年	$P=50\%$	57.0	99.0	9.2	27.9	37.1	193.1
	$P=75\%$	49.6	99.0	9.2	27.9	37.1	185.7

2011 年中央一号文件和中央水利工作会议明确要求实行最严格水资源管理制度，其核心实际上是最严格的水资源管控目标，确定的"三条红线"是我们水资源开发利用的底线。按照国家相关要求，河北省制定了最严格水资源管理制度实施方案，提出了 2020 年用水总量和地下水用水量控制指标。故常规水的可配置水量应以"三条红线"确定的地下水总量和用水总量控制指标进行双向控制，超过时应以红线指标为准，对相应的可供水量进行核减，并最终确定区域可参与配置的水量。

（1）可配置的地下水量。根据以上分析，河北省 2020 年多年平均浅层地下水可开采量为 99.0 亿 m³，均低于"三条红线"确定的全省地下水总量控制指标 119.0 亿 m³。故可配置的地下水量为规划水平年浅层地下水可供水量，即 99.0 亿 m³。

（2）可配置的水资源总量。2020 年全省常规水可利用量（$P=50\%$）分别为 193.1 亿 m³，均低于河北省"三条红线"用水总量控制指标 221.0 亿 m³，故可配置的水资源总量为规划水平年常规水可配置水量（表 3-12、表 3-13）。

表 3-12　河北省各市用水总量控制指标表　　　　　单位：亿 m³

行政分区	2020 年指标	
	用水总量	其中地下水
邯郸	21.33	11.91
邢台	20.18	11.19
石家庄	30.71	16.51

续表

行政分区	2020 年指标	
	用水总量	其中地下水
保定	28.34	17.46
沧州	18.02	7.29
衡水	17.98	9.71
廊坊	11.66	6.38
唐山	30.59	14.57
秦皇岛	10.08	5.42
张家口	12.72	7.78
承德	11.76	5.97
辛集	3.51	2.02
定州	4.12	2.79
全省	221.00	119.00

表 3-13　河北省核定的常规水可配置水量　　　　　单位：亿 m^3

年份	类型	常规水可配置水量	控制红线	核定的常规水可配置水量
2020	地下水	99.0	119.0	99.0
	地表水	94.1		94.1
	合计	193.1	221.0	193.1

2. 非常规水可供水量

（1）再生水可利用量。2013 年河北省废污水总排放量 21.93 亿 m^3。其中，工业废水占 47.0%，生活污水占 53.0%，处理量 12.97 亿 m^3，处理率为 59.1%；达标排放量 12.18 亿 m^3，达标率 55.5%。城市工业和生态利用再生水总量为 1.96 亿 m^3，部分废污水直接被农业利用未统计。随着新型城镇化进程的加快，城镇居民用水将有较大的增加；京津冀协同发展也会对河北省二产、三产的发展带来极大的促进，用水相应增长；同时，随着工业推行循环经济、清洁生产，工业废污水在厂区内和园区内利用量的增加，废污水排放率会下降，根据《河北省水中长期供求规划》，预计 2020 年污水排放量将比现状增加 10 亿 m^3 左右。设区的城市再生水利用率不低于污水处理量的 60%；中小城镇再生水利用率不低于 40%。再生水将主要用于工业、城镇河湖、绿化等用水，达到农灌用水标准的部分再生水可用水农业灌溉。经分析，全省 2020 年再生水可利用量将达到 12.0 亿 m^3。

（2）微咸水可利用量。河北省有地下微咸水（2g/L<M≤3g/L）11 亿 m^3，主要分布在河北省中东部平原区，微咸水利用可取代部分深层地下水，同时咸水水位下降有利于与

浅层地下水的垂直交替，促进咸水淡化，增加淡水资源，对修复和改善中东部平原有咸水区的生态环境十分有利。在引黄、引卫等地表水灌溉的区域，根据微咸水分布情况，加强微咸水利用。预计2020年微咸水利用量将达到3.6亿 m^3。

（3）海水淡化水可利用量。河北沿海地区是水资源最贫乏的地区，随着海岸带经济社会的发展，海水利用的潜力较大。同时，随着膜法反渗透等海水淡化工艺的发展，海水淡化成本将进一步降低，海水利用量将进一步加大。预计2020年可供配置的海水淡化量为2.0亿 m^3。

综上，河北省非常规水可利用水总量2020年为17.6亿 m^3，见表3-14。

表3-14　河北省非常规水可利用水总量表　　　　　　单位：亿 m^3

年份	保证率	可利用水量			
		再生水	微咸水	海水淡化水	合计
2020年	$P=50\%$	12.0	3.6	2.0	17.6
	$P=75\%$	12.0	3.6	2.0	17.6

随着外流域调水工程的实施和非常规水利用力度的加大，$P=50\%$年份，2020年河北省多年平均总供水量可达210.7亿 m^3；$P=75\%$年份，2020年河北省多年平均总供水量可达203.3亿 m^3（表3-15）。

表3-15　河北省规划水平年可供水量预测　　　　　　单位：亿 m^3

年份	保证率	常规水						非常规水				合计
		地表水	浅层地下水	外流域调水			小计	再生水	微咸水	海水利用	小计	
				引黄水	引江水	小计						
2020年	$P=50\%$	57.0	99.0	9.2	27.9	37.1	193.1	12.0	3.6	2.0	17.6	210.7
	$P=75\%$	49.6	99.0	9.2	27.9	37.1	185.7	12.0	3.6	2.0	17.6	203.3

3.3.2　需水量预测

需水量预测是在现状用水调查与用水水平分析的基础上，依据经济社会发展趋势、水资源高效利用、统筹安排生产、生活、生态用水的原则，进行不同水平年需水量预测。预测内容包括：不同水平年（$P=50\%$、$P=75\%$）规划年（2020年）的生活需水量预测（包含城镇生活和农村生活需水量预测）、非农生产需水量预测（包含工业和建筑业需水预测）、生态环境需水量预测和农业需水量预测。

主要参考《河北省实行最严格水资源管理制度实施方案》《河北省节水型社会建设"十二五"规划》《河北省水中长期供求规划》等进行全省现状节水水平下的需水预测。

1. 生活需水量预测

生活需水量包括城镇居民生活、农村居民生活和公共生活用水，其中城镇居民生活和公共生活用水合并计算，统一为大生活用水。

根据《河北省水资源公报》《河北统计年鉴》，2013 年全省城镇用水人口为 3528.5 万，用水量达 12.7 亿 m³（含城镇公共用水 3.7 亿 m³），人均日用水量为 98.6L；农村用水人口为 3804.1 万，用水量达 9.8 亿 m³，其中深层地下水 8.0 亿 m³，人均日用水量为 70.3L。

生活需水量预测采用人均日用水量方法进行预测，计算公式如下：

$$L_w = P_0 \times L_Q \times 365/1000 \tag{3-12}$$

式中：L_w 为生活需水量（万 m³）；P_0 为用水人口（万）；L_Q 为生活用水定额 [L/(人·d)]。

根据《河北省水中长期供求规划》，到 2020 年全省城镇人口将达到 4424.0 万，平均城镇生活用水定额为 141.0L/(人·d)，农村人口将达到 3203.0 万，生活用水定额为 85.0L/(人·d)。

据此预测，河北省生活需水总量从现状的 22.5 亿 m³，提高到 2020 年的 32.7 亿 m³，其中城镇生活用水量为 22.8 亿 m³，农村生活用水量为 9.9 亿 m³（表 3-16）。

表 3-16 基于现状节水水平的河北省生活需水量预测

年份	城镇需水（含服务业）			农村需水（不含畜牧）			总需水	
	城镇人口/万人	用水定额/[L/(人·d)]	需水量/亿 m³	农村人口/万人	用水定额/[L/(人·d)]	需水量/亿 m³	需水量/亿 m³	用水定额/[L/(人·d)]
2013	3528.5	98.6	12.7	3804.1	70.3	9.8	22.5	83.9
2020	4424.0	141.0	22.8	3203.0	85.0	9.9	32.7	117.5

2. 非农生产需水量预测

非农生产包括工业和建筑业，其中工业需水量按万元工业增加值用水量指标进行预测。建筑业需水量根据近几年需水增量进行预测。2013 年全省非农生产用水量为 26.5 亿 m³，其中，工业用水量 25.2 亿 m³，工业增加值 13 333.1 亿元（2010 年价），万元工业增加值用水量 18.9m³；建筑业用水量 1.3 亿 m³。

1）工业需水量预测

根据《河北省水中长期供求规划》，到 2020 年全省工业增加值将达到 23 333.0 亿元。

工业需水量的计算公式为

$$W_i = m_i \times G_i \tag{3-13}$$

式中：W_i 为规划水平年工业需水量（万 m³）；m_i 为规划水平年万元工业增加值用水量

（m^3）；G_i 为规划水平年工业增加值（万元）。

2013 年全省万元工业增加值用水量为 18.9m^3，按照现状节水水平，经计算，2020 年工业需水量将达到 29.9 亿 m^3。

2）建筑业需水量预测

考虑到建筑业用水量较少，且目前用水水平较高，故建筑业用水按照近几年年均增速对 2020 年需水量进行预测。根据《河北省水资源公报》，2010 年、2013 年全省建筑业用水总量分别为 1.1 亿 m^3 和 1.3 亿 m^3，平均年用水增速 7.6%，据此预测到 2020 年建筑业需水量为 2.2 亿 m^3。

综上，2020 年河北省非农生产需水量为 46.3 亿 m^3，见表 3-17。

表 3-17　基于现状节水水平的河北省非农生产需水量预测

用水时间		2013 年	2020 年
指标	工业需水量/亿 m^3	25.2	44.1
	工业增加值（2010 年可比价）/亿元	13 333.1	23 333.0
	万元增加值用水量/m^3	18.9	18.9
	建筑业需水量/亿 m^3	1.3	2.2
2016~2020 年增长率	工业需水量/%		8.1
	工业增加值/%		8.1
	万元增加值用水量/%		0
	建筑业需水量/%		7.6
非农生产需水量合计/亿 m^3		26.5	46.3

3. 农业需水量预测

农业需水量包括农田灌溉和林牧渔业需水，为计算方便，采取综合定额计算农业需水量。根据《河北水利统计年鉴》《河北省水资源公报》等知，2013 年降水量为 531.2mm，较多年平均降水量少 0.1%，为平水年，全省农业（含农林牧渔业）用水量为 137.6 亿 m^3，有效灌溉面积为 6523.5 万亩，亩均灌溉水量为 211.0m^3；节水灌溉工程面积为 4352.9 万亩，节水灌溉面积占有效灌溉面积的比例为 66.7%。

经分析，现状农业灌溉为非充分灌溉，考虑到进行节水潜力计算时采用的节水率经验值，均以充分灌溉条件为基础，故首先将现状亩均用水量还原为充分灌溉条件，再以此为基础，对 2020 年农业需水进行预测。预测过程中，充分参考《河北省水中长期供求规划》，农田、林业和牧业的灌溉面积和亩均用水量保持不变，渔业用水量根据近几年用水趋势做进一步增加，据此预测，平水年（$P=50\%$），2020 年河北省农业需水总量为 154.5 亿 m^3；偏枯水年（$P=75\%$），2020 年河北省农业需水总量为 169.1 亿 m^3

（表 3-18）。

表 3-18　基于现状节水水平的河北省农业需水量预测

年份		2013	2020
农业需水量/亿 m³	$P=50\%$	153.4	154.5
	$P=75\%$	167.6	169.1
有效灌溉面积/万亩		6523.5	6523.5
亩均需水量/m³	$P=50\%$	235.2	236.7
	$P=75\%$	257.0	259.1

4. 生态环境需水量预测

生态环境需水量预测仅考虑河道外生态环境需水量，包括城镇生态环境需水量和重要湿地生态环境需水量。城镇绿地生态环境需水量主要包括城镇绿地灌溉、城镇河湖补水和环境卫生三部分。重要湿地生态环境需水量主要包括白洋淀、衡水湖、南大港湿地等的补水量。根据《河北省水中长期供求规划》，2020 年河北省城市生态环境需水量为 6.8 亿 m³。规划到 2020 年湿地补水量达到 1.7 亿 m³，其中，白洋淀 1.0 亿 m³、衡水湖 4000 万 m³、南大港 3000 万 m³。故 2020 年全省生态环境用水量将达到 8.5 亿 m³，见表 3-19。

表 3-19　河北省生态环境需水量预测　　　　　单位：亿 m³

年份	生态环境需水量		
	城市生态环境	重要湿地生态环境	小计
2013	4.7		4.7
2020	6.8	1.7	8.5

5. 需水总量预测

经预测，现状节水水平下，平水年（$P=50\%$），2020 年河北省需水总量为 242.0 亿 m³；偏枯水年（$P=75\%$），2020 年河北省需水总量为 256.6 亿 m³（表 3-20）。

表 3-20　基于现状节水水平的河北省需水总量预测　　　　　单位：亿 m³

年份	农业（含林牧渔业）		非农生产			生活			生态环境	小计	
	$P=50\%$	$P=75\%$	工业	建筑业	小计	城镇	农村	小计		$P=50\%$	$P=75\%$
2013	137.6	153.7	25.2	1.3	26.5	12.7	9.8	22.5	4.7	191.3	207.4
2020	154.5	169.1	44.1	2.2	46.3	22.8	9.9	32.7	8.5	242.0	256.6

3.3.3 供需平衡分析

1. 一次供需平衡分析

本次供需平衡分析（一次供需平衡分析）是基于现状节水水平进行的规划水平年水资源供需平衡分析。结果表明：仅考虑常规水可供水量，平水年（$P=50\%$），2020 年缺水量为 48.9 亿 m^3，缺水率为 20.2%；偏枯水年（$P=75\%$），2020 年缺水量为 70.9 亿 m^3，缺水率为 27.6%。若充分利用非常规水，平水年（$P=50\%$），2020 年缺水量为 31.3 亿 m^3，缺水率为 12.9%；偏枯水年（$P=75\%$），2020 年缺水量为 53.3 亿 m^3，缺水率为 20.8%。

经供需分析得出，若不提高节水水平，常规水远不能满足社会经济的发展要求，即使充分利用非常规水资源，河北省水资源量依然不能满足现状节水水平下的需水量，无法支撑经济社会的可持续发展。

供需平衡分析结果见表 3-21 和图 3-10。

表 3-21　规划水平年河北省一次供需平衡分析

保证率	年份	可供水量/亿 m^3		需水量/亿 m^3	缺水量/亿 m^3		缺水率/%	
		常规水	常规水+非常规水		常规水	常规水+非常规水	常规水	常规水+非常规水
$P=50\%$	2020	193.1	210.7	242.0	48.9	31.3	20.2	12.9
$P=75\%$	2020	185.7	203.3	256.6	70.9	53.3	27.6	20.8

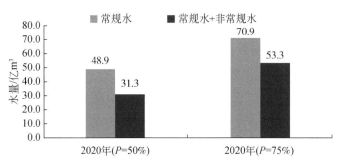

图 3-10　基于现状用水水平的河北省缺水状况分析

2. 二次供需平衡分析

二次供需平衡分析是基于常规节水水平进行的规划水平年水资源供需平衡分析。在供需平衡分析中，缺水量=可供水量−现状节水水平需水量−常规节水方案节水量。

结果表明，在常规节水水平下：仅考虑常规水可供水量，平水年（$P=50\%$），2020 年缺水量为 15.0 亿 m³，缺水率为 6.2%；偏枯水年（$P=75\%$），2020 年缺水量为 30.6 亿 m³，缺水率为 11.9%。若充分利用非常规水，平水年（$P=50\%$），2020 年不缺水；偏枯水年（$P=75\%$）2020 年缺水量为 13.0 亿 m³，缺水率为 5.1%（表 3-22、图 3-11）。

表 3-22　河北省规划水平年常规节水方案水资源供需分析

保证率	年份	可供水量/亿 m³		需水量/亿 m³	年节水潜力/亿 m³	方案实施后缺水量/亿 m³		缺水率/%	
		常规水	常规水+非常规水			常规水	常规水+非常规水	常规水	常规水+非常规水
$P=50\%$	2020	193.1	210.7	242.0	33.9	15.0	−2.6	6.2	−1.1
$P=75\%$	2020	185.7	203.3	256.6	40.3	30.6	13.0	11.9	5.1

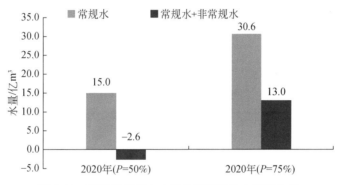

图 3-11　基于常规节水水平的河北省缺水状况分析

将两次供需平衡分析结果进行对比可知：

当供水量仅考虑常规水时，实施常规节水措施后，平水年（$P=50\%$），2020 年全省缺水量从 48.9 亿 m³ 变为 15.0 亿 m³，缺水率从 20.2% 降低到 6.2%；偏枯水年（$P=75\%$），2020 年全省缺水量从 70.9 亿 m³ 降低到 30.6 亿 m³，缺水率从 27.6% 降低到 11.9%。

当供水量考虑非常规水时，实施常规节水措施后，平水年（$P=50\%$），2020 年全省缺水量从 31.3 亿 m³ 降低到不缺水，缺水率从 12.9% 降低到不缺；偏枯水年（$P=75\%$），2020 年全省缺水量从 53.3 亿 m³ 降低到 13.0 亿 m³，缺水率从 20.8% 降低到 5.1%。

经供需分析可知，在充分考虑开源措施的前提下，若挖掘各业节水潜力，综合实施工程、技术、管理等节水措施，常规水依然不能满足经济社会发展要求，非常规水在平水年份基本可满足社会经济用水，但遇到枯水年份，供水缺口依然较大，可见常规节水依然不足以支撑经济社会的可持续发展，还需深度挖掘节水潜力。

两次供需平衡缺水量、缺水率对比分析结果见图 3-12 和图 3-13。

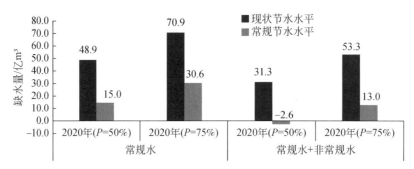

图 3-12 河北省两次供需分析缺水量对比

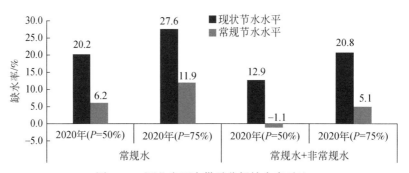

图 3-13 河北省两次供需分析缺水率对比

3. 三次供需平衡分析

三次供需平衡分析基于高效节水的水资源供需平衡分析，是在常规节水水平下经过进一步挖掘节水潜力，基于高效节水水平进行的规划水平年水资源供需平衡分析。在供需平衡分析中，缺水量=可供水量−现状节水水平需水量−高效节水水平的节水量。

结果表明，在高效节水水平下，仅考虑常规水可供水量，平水年（$P = 50\%$），2020年不缺水；偏枯水年（$P = 75\%$），2020年缺水量为15.2亿 m^3，缺水率为5.9%。若充分利用非常规水，2020年不缺水，见表3-23、图3-14。

表 3-23 河北省规划水平年高效节水方案供需平衡分析

保证率	年份	可供水量/亿 m^3		需水量 /亿 m^3	年节水能力/亿 m^3	方案实施后缺水量/亿 m^3		缺水率/%	
		常规水	常规水+非常规水			常规水	常规水+非常规水	常规水	常规水+非常规水
$P = 50\%$	2020	193.1	210.7	242.0	49.3	−0.4	−18.0	−0.2	−7.4
$P = 75\%$	2020	185.7	203.3	256.6	55.7	15.2	−2.4	5.9	−0.9

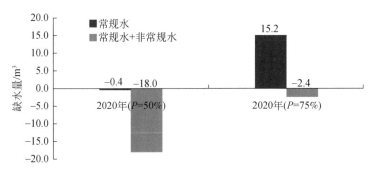

图 3-14 基于高效节水水平的河北省缺水状况分析

将现状节水水平、常规节水水平、高效节水水平 3 种节水水平下的供需平衡分析结果进行对比可知:

到 2020 年,当供水量仅考虑常规水时,实施高效节水措施与常规节水措施比,供水保障率进一步提高,但水量依然不能满足经济社会的发展要求;充分利用非常规水资源后,平水年份水量有一定的结余,但偏枯年份,近期仍需要超采地下水或过度开发利用地表水资源以满足社会发展的要求,远期来看,实施节水措施非常规水量有一定剩余。

以平水年(P=50%)年份为例,根据供需分析结果看,若仅考虑常规水使用量,且所有水源均可以充分利用,到 2020 年,实施了高效节水措施后,缺口比之前的 48.9 亿 m³ 下降到余量 0.4 亿 m³;若考虑非常规水利用量,在 2020 年实施高效节水措施后,在平水年份和偏枯年份全省均可实现供需平衡。可以看出,在充分挖掘各业节水潜力和充分利用水资源的条件下,实施高效节水方案,不同年份不同水平年缺水量和缺水率进一步降低,从远期来看水资源可以支撑经济社会的可持续发展。

河北省三次供需平衡缺水量、缺水率对比分析结果见图 3-15、图 3-16。

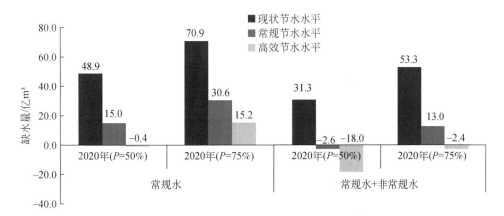

图 3-15 河北省三次供需分析缺水量对比

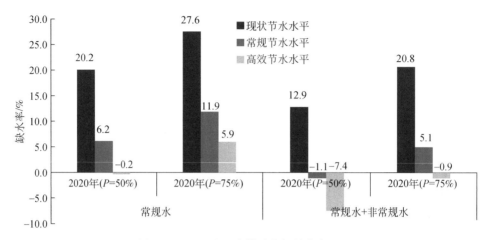

图 3-16 河北省三次供需分析缺水率对比

3.4 河北省初始水权配置机理

3.4.1 水权配置与水资源配置关系剖析

1. 水权配置的内涵

水权配置是对水资源使用权的分配，主要是为了保障水资源使用者能够通过法定的配置程序获得合理的水资源使用权。为了促进水资源与社会、经济及生态环境之间的可持续协调发展，保障流域、区域、用水户等多个目标群体的合理利益，必须对水资源使用权进行合理配置。水权配置包括初始水权配置和水权再配置两方面内容。

（1）初始水权配置是指为了保障水资源的可持续开发利用，在国家宏观调控下，水资源所有权的代表者中央政府授权有关水行政主管部门或流域机构在与区域政府进行充分协调论证的基础上，综合考虑区域人口、环境、资源和经济等多方面因素，通过规定程序，按照一定原则初次向行政区域、用水部门及用水户逐级分配流域、区域可利用水资源使用权的过程。

（2）水权再配置，即水权交易，是指为实现水资源的优化配置，防止初始水权配置的失效，水权供求双方在水市场上进行水资源使用权、经营权的买卖活动，通过对水资源余缺的调剂，促使水资源从效率低的使用部门流向效率高的使用部门，提高水资源的使用效益，并且在一定程度上保证水资源的长期稳定供给。

2. 水资源配置的内涵

水资源配置是指在一个特定流域或区域范围内，遵循有效性、公平性和可持续性的原则，利用各种工程与非工程措施，合理改变水资源的天然时空分布，为保障水资源的有效供给，合理抑制水资源的需求量，维护和改善生态环境质量，统一调配地表水、地下水、外调水等多种有限的、不同形式的可利用水源，在区域间和各用水部门间进行科学合理的分配，尽可能地提高流域或区域整体的用水效率，保证社会经济、资源、生态环境的协调发展，促进水资源的可持续利用和区域的可持续发展。水资源优化配置方式分为行政配置（宏观配置）和市场配置（微观配置）。

（1）行政配置满足配置的公平目标，解决水资源量在各用水部门之间协调分配的问题。以流域或区域为单元对生活用水、生产用水、生态用水统一配置。在保障生活稳定、生产发展的同时维持和改善生态环境，解决经济建设用水挤占生态环境用水、农业用水的问题。水资源配置的许多方面不可能形成市场或不能利用市场机制来配置，因此水资源配置中必须充分发挥政府的宏观调控作用。

（2）市场配置满足配置的效率目标，解决水资源量在各用水部门之间优先分配的问题，鼓励水资源流转到效率高的行业、企业或其他用户中，促进节约用水，使有限的水资源产生最好的效益。解决水资源短缺问题。通过水市场提高水资源承载能力，提高用水效率强化经济手段配水，并按照水市场规律强化水事统一管理，逐步推进水利现代化进程，实现水资源的优化配置。

水资源配置的最佳配置方式应该是宏观配置和微观配置两种方式有机结合在一起，使一个区域的水资源达到最优配置，即使综合效益达到最大。这种配置方式既解决了各用水部门之间协调分配的问题，又解决了各用水部门之间优先分配的问题。既保证了公平，又不失效率为先的原则。在公平领域内采用政府定价原则，确保各部门基本用水后，剩余的部分由市场供需状况决定价格即采用市场定价。在保证各部门生活等基本用水的同时，实现水资源从低效部门到高效部门的转变，最终实现综合效益最大的目标。

3. 水权配置与水资源配置的区别与联系

（1）从工作内容上来讲，水资源配置中的宏观配置是指政府对水资源进行总量控制、水量分配、跨流域调水等。微观配置是指通过取水许可、水权配置或水权交易等，将水资源使用权配置到取用水户。在宏观配置中，水权配置体现为明确区域取用水总量和权益；在微观配置中，水权配置体现为确认取用水户的权利义务。因此，水权配置是水资源配置的重要组成部分。水权配置就是要改变过去政府对水资源配置自上而下的完全行政机制，引入市场机制，促进水资源节约利用和优化配置，支撑经济社会可持续发展。

（2）从配置水源来讲，水资源配置过程配置的水资源不仅包括配置单元内的水资源量，还包括通过各种工程措施跨流域或跨区域调配的水资源量，不仅包括地表水、地下水等常规水资源，还包括再生水、微咸水、淡化海水等二次水资源。《河北省实行最严格水资源管理制度实施方案》明确提出，"加强水资源统一管理和调度。对地表水与地下水、本地水与调入水、常规水与非常规水实行统一调度，统一管理"；《河北省地下水管理条例》明确提出，"县级以上人民政府水行政主管部门应当建立多种水源联合调度机制，合理配置、高效利用调入水、本地地表水和非常规水，减少地下水开采"；《河北省城镇排水与污水处理管理办法》明确提出，"再生水纳入非常规水资源统一配置，水利主管部门应当在核定用水计划指标时，对再生水利用工作提出指导意见"。水权配置过程中配置的水资源，各地考虑到《中华人民共和国水法》规定"本法所称水资源，包括地表水和地下水"，对雨洪资源、再生水、海水淡化等是否属于水资源并未明确界定；该法规定"直接从江河、湖泊或者地下取用水资源的单位和个人，应当按照国家取水许可制度和水资源有偿使用制度的规定，向水行政主管部门或者流域管理机构申请领取取水许可证，并缴纳水资源费，取得取水权"，对雨洪资源、再生水、海水淡化等二次水资源是否需要进行确权未做明确规定。将可以持续利用的、依法需获得取水权方可开发利用的常规水资源，包括当地地表水、浅层地下水、外流域调水等，而未将雨洪资源、再生水、海水淡化等非常规水资源（二次水资源）进行配置，而计划借助"市场之手"进行配置。

经分析知，水权配置是水资源配置的重要组成部分，是水资源行政配置与市场配置相结合的具体体现，主要是以水资源优化配置理论为指导，通过行政配置常规水、市场配置非常规水，最终实现水资源的优化配置（图 3-17）。

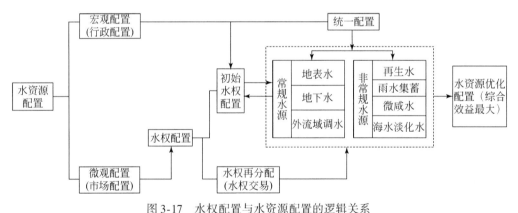

图 3-17 水权配置与水资源配置的逻辑关系

3.4.2 水资源配置模式选择

经济社会发展与水资源的关系十分密切，二者相互联系、相互制约，又相互促进。经济社会发展的速度过快，水资源的压力就不断增加。而水资源问题又反作用于经济社会发展，并制约其发展。在进行水资源配置时，要随时考虑二者的关系，不能只考虑经济发展，也不能一味地考虑无限制地开发利用水资源，要实现二者协调、可持续发展。因此，合理的初始水权配置方案应是建立在水资源优化配置基础上的。

目前，我国水资源配置中暴露出来的关键问题是配置模式的选择问题，水资源配置模式在一定程度上决定了水资源的利用效率。配置模式选择不合理，容易引发资源性缺水、水质性缺水和工程性缺水，最终导致水资源供求失衡、水生态恶化；而合理配置模式能使水资源及经济社会发展的供求达到良性互动的状态，最终可使水资源达到可持续利用。

水资源配置的研究是一个逐步深入的过程，目前配置思路已从最初的以需定供逐步向以供定需、可持续发展的水资源配置转变。无论是以需定供还是以供定需，都是将水资源的需求和供给分离开来考虑的，要么强调需求，要么强调供给，同时还与区域经济发展脱节。可持续发展的水资源配置理论是"以需定供"和"以供定需"理论的进一步升华，考虑到了水资源的开发与区域经济发展的密不可分，遵循人口、资源、环境、经济协调发展的原则，在供需水分析基础上，通过控制行业用水增长、增加供水等措施，保证社会、经济和生态环境的协调发展，进而实现区域的可持续发展。把水资源开发与区域经济、社会和生态环境的发展结合起来，通过市场经济和宏观调控，促进水资源的有效配置，进而促进区域的可持续发展，形成一个良性循环。可持续发展理论作为水资源优化配置的一种理想模式，在模型结构及模型建立上与实际应用都还有相当的差距，但它必然是水资源合理配置研究的发展方向，目前还存在理论多、实践少的缺点（图3-18~图3-20）。本次选择可持续发展的水资源配置模式作为河北省的水资源配置模式。

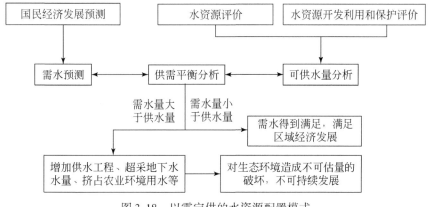

图3-18 以需定供的水资源配置模式

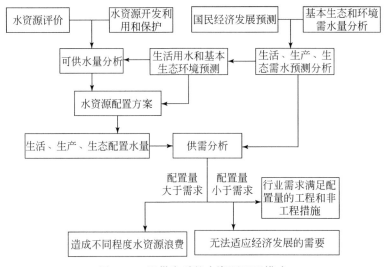

图 3-19　以供定需的水资源配置模式

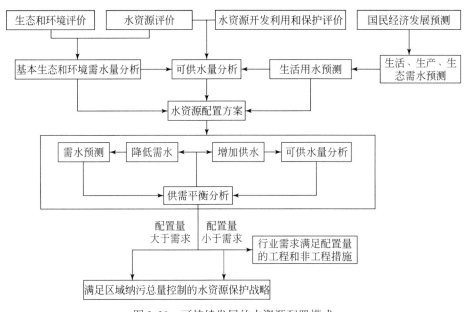

图 3-20　可持续发展的水资源配置模式

3.4.3　水资源配置关键问题研究

1. 对开源措施的配置问题研究

开源措施是解决河北省水资源短缺压力的主要途径之一，主要包括常规地表水和非常规水开源措施，立足河北省常规地表水和非常规水源开发利用程度较低、开发利用潜力较大的实际，应该按照"优水优用""非常规水源优先利用"的原则，合理配置水资源，同时按照《中华人民共和国水法》规定可以持续利用的、依法需获得取水权方可开发利用的常规水资源，包括当地地表水、浅层地下水、外流域调水等进行确权，对《中华人民共和国水法》未做明确规定是否需要进行确权的雨洪资源、再生水、海水淡化等二次水资源不进行确权。同时通过研究和出台鼓励地表水和非常规水资源开发利用的优惠政策，利用市场机制激励（倒逼）公众充分利用地表水及非常规水，将非常规水源资源化。

2. 对节水措施的配置问题研究

水资源优化配置是实现区域水资源可持续利用的根本保证，是保障区域人口、经济、生态协调发展的准绳，对区域生产生活质量、产业结构调整及生态环境有重要的影响。经济社会的快速发展对传统的水资源配置方法提出了更新、更高的要求，综合采取各类节水措施挖掘各业节水潜力是解决河北省水资源短缺压力的主要途径之一。将节水因素考虑进配置方案，逐步成为保障区域可持续发展的一大需求。而目前传统的水资源配置过程是将节水指标与节水潜力在需水预测中予以考虑，由于节水的产生受节水成本、激励机制等诸多不确定因素的影响，这种处理方法在一定程度上增加了需水预测（含节水潜力）的不准确性。与此同时弱化对节水指标与节水潜力的关系，也使得在水资源配置过程中研究制定节水措施无法做到有的放矢。鉴于此，本次水资源配置在传统水资源配置的基础上，充分考虑"节水优先"，将各行业近期经济、工程允许条件的节水量作为一项潜在资源量，同现状规划期常规水资源可利用量及非常规水资源可利用量统一调配，满足不同用水户的用水要求，在保证各种水源高效利用、效益最大的同时，激励（倒逼）公众通过采用节水措施以减少对水资源的浪费及需求。

3. 对农业用水的配置问题研究

我国是一个农业大国，河北省是我国粮食主产区之一，农业用水是第一个用水大户，约占总用水量的70%，其中农田灌溉用水又占农业用水的90%左右。近年来，我国及河北省水资源短缺问题日益突出，农业水资源紧缺已成为严重制约我国及河北省农业发展的长期因素，也是威胁粮食安全最紧迫的问题。目前农业缺水与浪费的情况并存，一方面水资源紧张，另一方面用水方式粗放。在可利用水资源总量有限，农业用水和工业用水、生活用水、生态环境用水存在矛盾的情况下，急需通过水资源优化配置，以确保未来粮食安全和兼顾经济、社会、生态环境效益等综合效益最大等为原则时的农业用水量，对农业用水进行配置，并以水权的形式进行确权，将水资源的粗放式管理向精细化管理转变，最终实现保障农业用水、解决水资源矛盾、提高用水效率、促进水资源节约等目的。

1）用水结构分析

根据河北省水资源公报，2013 年河北省总用水量为 191.3 亿 m³，比 2000 年减少 20.9 亿 m³；农业用水量为 137.6 亿 m³，比 2000 年减少 24.3 亿 m³，2000~2013 年河北省农业用水量总体上呈阶段式下降。2013 年河北省粮食产量为 3365.0 万 t，比 2000 年增加 813.9 万 t，2003~2013 年河北省粮食产量呈 "10 连增"（图 3-21）。即在农业用水量逐渐减少的情况下，粮食产量不断增加。但从表 3-24 中可以看出，河北省农业用水占比较大，远高于全国平均值，在水资源压力排名前 8 的地区中排名第 6。而发达国家，如法国农业用水量占总用水量的 42.5%，美国为 48.7%，农业用水量不到总用水量的一半。随着经济的发展、人口的增长、城镇化水平和人民生活水平的不断提高，未来将不得不采取生活和工业用水发展优先于农业用水的方针，这意味着未来工业用水和生活用水占用水总量的比例将继续增加，加上生态环境恶化、地下水超采严重，生态用水必须得到保障，因而农业用水的所占比例势必降低，而且其绝对数量也将减少。

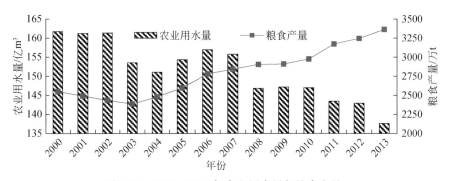

图 3-21　2000~2013 年农业用水量与粮食产量

表 3-24　2013 年水资源压力排名前 8 位的地区的用水情况

排名	地区	农业		工业		生活		用水总量 /亿 m³
		用水量 /亿 m³	占总量 比例/%	用水量 /亿 m³	占总量 比例/%	用水量 /亿 m³	占总量 比例/%	
1	宁夏	63.5	88.1	5.0	6.9	1.6	2.2	72.1
2	上海	16.3	13.2	80.4	65.3	25.7	20.9	123.2
3	天津	12.4	52.1	5.4	22.7	5.0	21.0	23.8
4	北京	9.1	25.0	5.1	14.0	16.3	44.8	36.4
5	河北	137.6	71.9	25.2	13.2	23.8	12.4	191.3
6	新疆	557.7	94.8	12.8	2.2	11.8	2.0	588.0
7	江苏	301.9	52.3	220.1	38.2	51.4	8.9	576.7
8	河南	141.6	58.9	59.4	24.7	33.4	13.9	240.6
	全国	3921.5	63.4	1406.4	22.7	750.1	12.1	6183.4

2）水资源压力分析

水资源压力指数是反映一个国家或地区水资源稀缺程度的指标，从某一方面能够反映出一个国家或地区的水资源安全程度。本次采用如下公式对全国 13 个粮食主产区的农业水资源压力进行估算：

$$农业水资源压力指数 = \frac{农业用水量}{可持续用水量} = \frac{农业用水量}{水资源禀赋 \times 40\%}$$

式中：水资源禀赋采用各地每年水资源总量的统计数值，数据来源于《中国水资源公报》；农业水资源压力指数大于 1，说明水资源总量无法满足农业生产。

由表 3-25 可知，全国 13 个粮食主产区中仅河北、山东、江苏三省农业生产用水超过了水资源的可持续使用量。其中河北省的平均农业水资源压力指数最高达 2.61，是压力最小的四川省的 20 倍多，水资源禀赋最低，是粮食主产区中水资源禀赋最少的地区。可以说，河北省这一极度缺水地区，因过度发展农业且用水方式相对粗放，加剧了水资源供需矛盾及地下水超采。

表 3-25　粮食主产区农业水资源压力指数

地区	2000 年	2001 年	2002 年	2003 年	2004 年	2005 年	2006 年	2007 年	2008 年	2009 年	2010 年	2011 年	2012 年	2013 年	平均
全国	0.35	0.36	0.35	0.32	0.33	0.37	0.38	0.39	0.33	0.38	0.30	0.40	0.33	0.35	0.35
四川	0.13	0.12	0.12	0.12	0.12	0.10	0.16	0.13	0.11	0.13	0.12	0.14	0.13	0.14	0.13
江西	0.27	0.26	0.24	0.18	0.23	0.22	0.20	0.34	0.28	0.34	0.17	0.41	0.18	0.31	0.26
湖南	0.31	0.31	0.29	0.29	0.28	0.30	0.28	0.34	0.30	0.34	0.24	0.41	0.24	0.31	0.30
湖北	0.39	0.41	0.32	0.32	0.31	0.38	0.56	0.33	0.35	0.45	0.27	0.47	0.43	0.50	0.39
安徽	0.37	0.38	0.39	0.29	0.38	0.39	0.59	0.42	0.54	0.57	0.45	0.70	0.56	0.69	0.48
吉林	0.66	0.60	0.65	0.52	0.51	0.30	0.50	0.49	0.52	0.60	0.27	0.65	0.46	0.37	0.51
黑龙江	0.70	0.71	0.66	0.65	0.70	0.65	0.72	1.09	1.18	0.60	0.73	1.08	0.54		0.78
河南	0.68	0.81	0.74	0.57	0.63	0.51	1.09	0.65	0.90	1.05	0.59	0.95	1.22	1.66	0.86
内蒙古	0.89	0.90	0.91	0.84	0.86	0.79	0.86	1.20	0.81	0.92	0.87	0.81	0.66	0.34	0.83
辽宁	1.05	1.02	1.01	1.01	1.04	0.58	0.88	0.88	0.85	1.33	0.37	0.76	0.42	0.49	0.83
山东	1.38	1.43	1.47	1.23	1.21	0.94	2.13	1.03	1.20	1.37	1.25	1.07	1.41	1.28	1.31
江苏	1.57	1.69	1.74	1.34	1.73	1.41	1.67	1.35	1.90	1.87	1.98	1.56	2.04	2.66	1.75
河北	2.89	2.88	2.88	2.67	2.63	2.79	3.56	3.16	2.22	2.55	2.59	2.23	1.52	1.96	2.61

3）用水效益分析

现状年河北省三产比例为 12.4 : 52.1 : 35.5。对地区生产总值贡献 12.4% 的第一产业，用水占全省用水总量 70% 以上，对地区生产总值贡献 52.1% 的第二产业（工业和建筑业），用水仅占全省用水总量的 13.9%，远低于全国 23% 的平均水平，仅略高于西藏、甘肃、青海、宁夏、新疆、黑龙江、海南等 7 个欠发达地区。而单方水产值工业用水是农业用水的 10~40 倍，若从农业向工业转换水量 1000 万 m³，按照项目实施前工业单方水产值 560.4 元计算，则水资源利用毛价值将增加 56 亿元（表 3-26、表 3-27）。综上分析可知，用水量占比较小的工业是支撑河北省经济发展的主要产业，要想支撑河北省"十三五"期间地区生产总值年均增长 7% 左右的经济发展目标，一定不能压减现状工业用水用于农业，换句话说，在河北省这一极度缺水地区农业用水的优先级应低于工业用水。

表 3-26 河北省各市（区）工农业用水效益对比

地区	农业		工业	
	用水量比重/%	单方水产值/（元/m³）	用水量比重/%	单方水产值/（元/m³）
全省	72	25.4	13	560.4
石家庄市	70	23.0	10	693.3
唐山市	63	37.2	20	651.2
邯郸市	74	28.1	12	548.2
邢台市	75	21.7	8	542.9
保定市	76	18.4	9	538.7
张家口市	75	34.7	11	438.5
沧州市	70	31.2	15	660.7
廊坊市	63	32.1	13	692.5
衡水市	86	12.7	7	464.8
辛集市	90	18.0	3	2176.0
定州市	84	26.2	8	341.3

表 3-27 全国工业用水占总用水量比例

地区	工业用水量/亿 m³	总用水量/亿 m³	工业用水量占总用水量比例/%	地区	工业用水量/亿 m³	总用水量/亿 m³	工业用水量占总用水量比例/%
全国	1406.4	6183.4	23	河南	59.4	240.6	25
北京	5.1	36.4	14	湖北	92.4	291.8	32
天津	5.4	23.8	23	湖南	94.4	332.5	28
河北	25.2	191.3	13	广东	119.6	443.2	27
山西	14.9	73.8	20	广西	57.4	308.2	19
内蒙古	23.6	183.2	13	海南	3.8	43.2	9
辽宁	22.8	142.1	16	重庆	40.4	83.9	48
吉林	26.5	131.5	20	四川	58.3	242.5	24
黑龙江	34	362.3	9	贵州	27	92	29
上海	80.4	123.2	65	云南	25.3	149.7	17

续表

地区	工业用水量 /亿 m^3	总用水量 /亿 m^3	工业用水量 占总用水量 比例/%	地区	工业用水量 /亿 m^3	总用水量 /亿 m^3	工业用水量 占总用水量 比例/%
江苏	220.1	576.7	38	西藏	1.7	30.3	6
浙江	58.8	198.3	30	陕西	13.8	89.2	15
安徽	98.4	296	33	甘肃	13.1	122	11
福建	75	204.8	37	青海	2.9	28.2	10
江西	60.1	264.8	23	宁夏	5	72.1	7
山东	28.9	217.9	13	新疆	12.8	588	2

4）用水效率分析

河北省各项用水指标居全国各行政区先进水平（排序不包括 4 个直辖市）。人均综合用水量排名第 5 位，万元地区生产总值用水量排名第 6 位，万元工业增加值用水量和亩均灌溉用水量均排名第 4 位，农田灌溉水有效利用系数排名第 1 位，城镇生活人均用水量排名第 2 位。河北省用水水平排名见表 3-28。

可见，河北省农业灌溉、工业等行业用水效率已处全国先进水平，虽与国际先进水平相比还有一定潜力可挖，但仅通过提高用水效率可挖掘的节水潜力已很有限。除此之外，用水结构及产业结构的不合理也是导致水资源短缺的主要原因之一，解决河北省的水问题、农业用水问题需要从优化产业结构出发。

表 3-28 河北省用水水平排名

指标	单位	河北省先进水平排名	先进于河北省的省份
人均综合用水量	m^3	5	山西、山东、河南、陕西
万元 GDP 用水量	m^3	6	山东、浙江、辽宁、陕西、山西
万元工业增加值用水量	m^3	4	山东、陕西、辽宁
亩均灌溉用水量	m^3	4	河南、山东、山西
农田灌溉水有效利用系数		1	
城镇生活人均日用水量	L	2	宁夏

注：表中排名来源于《2013 年中国水资源公报》，城镇生活人均用水量包括居民家庭生活用水和公共用水（含第三产业及建筑业用水）。

5）地下水压采措施分析

据统计，河北省超采地下水量 60 亿 m^3，其中城市超采地下水量 18 亿 m^3，占总超采量的 30%；农村超采地下水量 42 亿 m^3，占总超采量的 70%。要解决河北省地下水超采问题，需采取"节、引、蓄、调、管"综合措施。

城市地下水超采主要通过产业结构调整、各业节水、水源置换等措施予以解决。其中水源置换措施，南水北调受水区主要为通过南水北调水源置换，非受水区主要通过引滦入唐、引陡入曹、海水淡化等水源置换。

农村地下水超采主要包括农村生活超采和农业超采。其中农村生活超采3亿 m³，占总超采量的5%，主要结合农村饮水安全改造提升、南水北调配套地表水厂建设，通过城镇水厂延伸置换农村生活取用深层承压水，实现地下水压采；农业超采39亿 m³，占总超采量的65%，主要通过农艺节水、种植结构调整、高效节水改造、水源置换等工程予以解决。初步测算，农艺节水、高效节水改造、水源置换上述三项措施2020年、2030年预计能完成农村压采任务的84%和81%。另外还必须在保障粮食安全的前提下，在充分挖掘节水、当地水、外调水等水资源潜力的条件下，通过因地制宜合理压减高耗水作物、实施旱作雨养种植、非农作物替代农作物、退耕还林还湿、轮耕休耕等措施合理调整农业种植结构和模式，构建与河北省水土资源相匹配的农业生产布局，最终达到压减农业灌溉用水量、解决农村超采地下水问题。预计2020年和2030年需通过种植结构调整压减5亿 m³、7亿 m³，才可以完成既定压采目标（表3-29）。

表3-29 河北省地下水压采措施情况 单位：亿 m³

全省超采量	规划水平年	地下水超采量压减措施											
		农村							城市				
		农业					生活			工业			生活
		超采量	农艺节水	结构调整	高效节水	水源置换	小计	水源置换	超采量	节水措施	水源置换	小计	水源置换
60	2020	32	5	5	12	8	30	2	18	1	10	11	7
	2030	42	7	8	14	10	39	3					

6）粮食安全用水保障分析

为更好地规划农业发展、管理农业用水，王玉宝等（2010）提出了注重农业用水结构优化的农业经济用水量概念，即在一定的时空范围内，在可利用水资源总量有限，农业用水和工业用水、生活用水、生态环境用水存在矛盾的情况下，在确保未来粮食安全的前提下，兼顾经济、社会、生态环境效益等综合效益最大时的农业用水量。他们还指出，农业经济用水量是以用水结构优化为基础，并配以综合节水措施条件下的农业用水量。高明杰采用多目标模糊优化方法对华北地区的农业种植结构进行了研究，提出了粮食安全条件下的华北地区节水型农业种植结构。

充分借鉴上述研究成果，本节在充分考虑人口增长及对粮食需求等因素、对粮食安全条件下的河北省节水型农业种植结构进行研究的基础上，计算得到以用水结构优化为基础，并配以综合节水措施条件下2020年节水量为35.0亿 m³。

在确保粮食安全及用水安全的前提下，优化调整种植结构并配以综合节水措施条件下的 2020 年河北省农业经济用水量可由现状的 153.7 亿 m³ 减少至 118.7 亿 m³。采用定额法进行校核，单位人均粮食需求量综合国内有关学者的研究确定为 400kg（贺一梅和杨子生，2008），单位粮食需水量根据现状农业灌溉用水量和粮食产量求得，经计算基于现状节水水平下 2020 年粮食安全用水量为 124.8 亿 m³。由此可见农业用水量还有一定的压减空间（表 3-30）。

表 3-30　河北省农业经济用水量计算

作物种类	播种面积情况				毛灌溉定额/（m³/亩）		2020 年节水量/亿 m³	农业经济用水量/亿 m³	
	2013 年		2020 年		2013 年	2020 年		2013 年	2020 年
	播种面积/万亩	比例/%	播种面积/万亩	比例/%					
稻谷	130.2	1.0	0	0	350	0.0	4.6		
小麦	3566.6	27.2	3316.6	25.6	165	129.5	15.9		
玉米	4663.2	35.5	4763.2	36.8	45	40.6	1.6		
其他粮食作物	1113.9	8.5	1313.9	10.2	40	36.3	-0.3		
油料作物	705.6	5.4	877.2	6.8	40	36.3	-0.4	153.7	118.7
棉花	724.5	5.5	334.5	2.6	110	92.5	4.9		
蔬菜	1830.6	13.9	1839.0	14.2	250	200.0	9.0		
其他经济作物	389.2	3.0	489.2	3.8	80	70.5	-0.3		
总计	13123.8	100.0	12933.6	100.0			35.0		

注：2020 年节水量为优化调整种植结构并配以综合节水措施条件下的节水量 = 2013 年播种面积×2013 年毛灌溉定额 - 2020 年播种面积×2020 年毛灌溉定额；2013 年农业经济用水量采用需水预测中测算的农业用水量。

7）小结

综上分析，河北省水资源先天禀赋差，但其他自然条件优越，光热及矿产资源丰富，为支撑经济和社会的发展、保障河北省的粮食安全，也造成了用水结构的不合理、地下水的过度开采。针对河北省工农业用水效率较高、农业用水效益远低于工业用水效益、农业水资源压力远高于其他粮食主产区的实际，在分析工农业超采指标压减措施及保障粮食安全用水对策的基础上，可以得出如下结论：水资源向价值高、经济效益显著的行业转移已是必然趋势，在河北省这样一个极度缺水地区，农业可用水资源日趋减少、地下水压采任务常态化，应在保障生活、工业、生态环境用水及粮食安全的前提下，通过压缩高耗水作物的播种面积、发展优质、节水高效作物，实现农业结构适水型调整，压减农业用水量，从而实现有限水资源支撑经济社会环境的可持续发展。

3.5 河北省初始水权配置框架

基于本章分析，河北省的初始水权配置研究应是基于河北省水资源优化配置条件下的水权配置，是基于水资源承载能力的倒逼式水权配置，是基于用水安全前提下的水权配置、是基于节水优先的水资源优化配置（图3-22）。

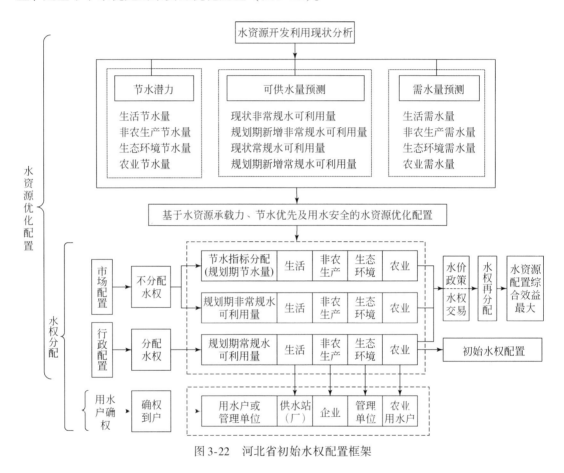

图 3-22 河北省初始水权配置框架

首先，立足河北省水资源短缺问题日趋严重与社会经济发展水资源刚性需求量不断增大的矛盾，坚持可持续发展及节水优先理念，以水资源承载力阈值、"三生"基本用水为约束（含生活用水、基本生态用水、保障粮食生产安全的农业用水及基本工业用水），在对规划年份河北省水资源进行供需水预测、节水潜力分析的基础上，以"水资源的持续利用支撑经济社会的良性发展，实现水资源供需平衡"为目的，突破传统水资源优化配置理念，在优化配置过程中充分考虑节水优先，以遵循人口、资源、环境、经济协调发展为原则，以实现经济、社会、环境综合效益最优为目标，将近期经济、工程允许条件的节水量作为一项潜在资源量，同现状规划期常规水资源可利用量及非常规水资源可利用量进行统一优化配置。

其次，以保障"三生"基本用水和激励开源节流为目的，采用宏观配置与微观配置相结合、行政配置与市场配置相结合的方法，将优化配置结果中配置给各行业的常规水资源可利用量采用行政配置方法，以水权确权的形式进行配置，将雨洪资源、再生水、海水淡化等非常规水资源（二次水资源）及潜在节水量采用市场配置方法，通过水价调控政策，借助"市场之手"进行配置，在保证各种水资源高效利用、效益最大的同时，倒逼公共使用节水措施及利用非常规水资源。最终实现水资源的优化配置及人口、资源、环境、经济的协调发展。

最后，以公平、公正、科学、合理为原则，将配置给各行业的常规水资源量，以水权的形式确权到不同行业各用水户。即生活用水确权到供水厂（站），非农生产用水、生态环境确权到企业或相应的管理单位，农业用水确权到农业用水户。

第4章 | 缺水地区倒逼式水权确权方法研究

2011年中央一号文件提出实行最严格的水资源管理制度，建立了用水总量、用水效率和水功能区限制纳污"三条红线"刚性约束。党的十八届五中全会提出实行用水总量和用水强度双控行动，建立健全用水权初始分配制度。2014年国家确定在河北省开展地下水超采综合治理试点，旨在探索建立地下水超采治理长效机制，实现地下水的采补平衡。在上述背景下，对于水资源严重匮乏的地下水超采区，在用水总量和用水强度双控制度的约束下，在保障生活、生产、生态用水安全的前提下，开展双控行动下基于水资源承载力的"流域–省区–市区–行业"多水源多约束多层次多用户水权配置模式研究，以期通过水权配置倒逼公众进行开源节流、实现地下水采补平衡，以有限的水资源支撑经济社会的可持续发展。

4.1 水权配置层次确定

4.1.1 研究范围

针对我国及河北省流域管理与行政区域管理相结合，统一管理与分级、分部门管理相结合的水资源管理体制特点。确权范围应是一个相对完整的流域或行政区域，具体取决于实际的需要。本次水权确权以河北省为研究范围、以县（区）为基本单元，分层级、分行业、分用水户进行配置，涵盖全省所有用水行业、用水户，实现水权确权的全省上下全覆盖。

4.1.2 研究层级

针对我国水资源管理体制及河北省实际，本次水权确权包括两个主要层级：第一层级为从流域到省行政分区、各地级市、各县级行政区，主要体现的是水资源的宏观配置，政府对水资源进行总量控制、水量分配、跨流域调水指标分配等；第二层级为从各县级行政分区到不同的公共供水部门、用水户，主要体现的是水资源的微观配置。河北省水权确权层级结构见图 4-1。

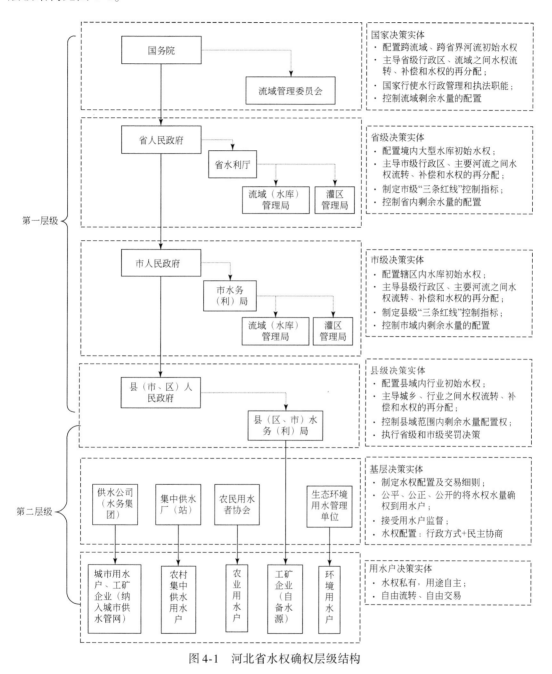

图 4-1　河北省水权确权层级结构

目前第一层级（水权确权）水量分配工作已依托相关江河水量分配方案、河北省引黄工程规划、南水北调中线工程河北省配套工程规划、各级水资源评价及水资源综合规划、省市两级最严格水资源管理制度实施方案等初步完成，全省各县（市、区）不同时期、不同水源可利用量均已确定，并以批准的评价、综合规划或公开发布的政策文件等予以体现（图4-2）。本次重点研究第二层级的水权确权问题。

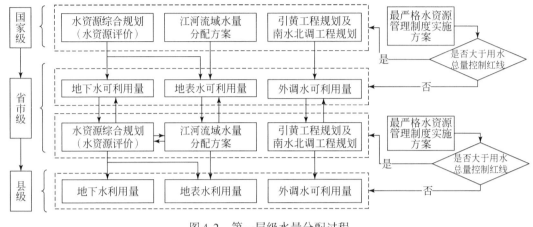

图 4-2　第一层级水量分配过程

4.1.3　研究对象

　　水权最终是要确权到各行业的各用水户，实现河北省水权确权的用水户全覆盖。如果由县（市、区）直接确权到各用户，需要大量的基础信息和繁重的协调工作，而且鉴于技术和工程等因素，实际上难以将水权确权到实际用水户，只能配置到由这些非农生产、农业、生活、生态用水户构成的最小配置单元，如直接取水的工业企业、灌区管理单位（农民用水户协会、村委会）、城市供水公司、农村集中供水厂（站）、生态环境用水管理部门等。再由上述单元向具体的各用水户进行确权。

4.2　水权配置基本原则

1. 总量控制，量水发展原则

　　总量控制是从取水规模上对水资源开发实行宏观调控，是确保水资源开发利用规模与水资源承载力、环境承载力相适应的关键，是进行水权确权的前提，为无余留用水指标的行政区域提供了建立水市场并开展水权交易的基本依据，能够有效控制不同水源的用水规模和用水总量，维护各方利益平衡，最终实现量水发展，走量水而行、以供定需、因水制宜、绿色节约的道路，促进人口经济与资源环境相协调，以水资源利用效率和效益的全面提升推动经济增长和转型升级。

2. 用水安全，持续发展原则

水资源具有生命性，因此在进行水权配置时，要保障人的基本用水权利，即体现生活优先的原则。同时我国是一个农业大国，农业是一个高耗水、水资源利用率低的弱势产业。为了保证国家的粮食安全，在进行水权配置时要关注农业灌溉问题，保证在非充分灌溉条件下，农作物能够正常生长。近年来，由于人们对水资源的不合理开发，用水远远超出了水资源及水环境的承载力，对其所依赖的生态系统造成了强烈干扰和破坏。水资源、水环境和水生态问题已经成为制约我国经济和社会发展的重要因素，最核心的问题是生态。水对于生态起着至关重要的作用，必须把生态用水和保障人类生活、生产用水摆到同等重要的地位，必须保证足够的数量和可靠的质量，保持水资源的永续利用。综上，用水安全保障原则主要包括基本生活用水保障、基本生态保障和粮食安全保障三个方面，关系到人类生存、社会稳定和发展。水权配置的根本目的是在确保基本用水安全的前提下，保障公众生产生活和经济社会可持续发展。

（1）基本生活用水保障。基本生活用水包括城镇居民的生活用水、农村居民的生活用水以及牲畜用水。基本生活用水体现了对人权的保障，每个人的基本生活用水应该平等地进行分配，以确定基本生活用水总量。初始水权配置时需要充分体现以人为本的原则，相对于生产用水应该具有优先权，需要首先满足。

（2）基本生态用水保障。水资源不仅是国民经济发展的重要资源，也是社会发展的物质基础，而社会经济发展必须保障生态环境安全。生态环境用水主要包括基本生态用水和适宜生态用水两部分。基本生态用水应该得到优先满足；适宜生态用水应根据生态建设的需要，在综合权衡的基础上进行配置。考虑到河北省水资源严重短缺、地下水长期超采，依据《河北省水中长期供求规划》，全省近期"生态环境需水量"只能是基本达到"最小生态环境需水量"即基本生态用水，暂不考虑其他生态用水。

（3）粮食安全保障。中国作为一个发展中的大国，人口多、粮食消费量大，粮食安全与社会稳定及发展非常重要。保障我国的粮食安全和社会稳定始终是水资源配置中需要优先考虑的目标，不仅需要考虑经济效益，还要考虑社会效益。稳定的农业灌溉用水是保障粮食安全的必要手段之一。在配置水资源的时候，应该考虑地区的实际情况，充分结合当地粮食安全保障的现实情况，基本粮食生产用水量要得到优先保障。

3. 尊重历史，适当调整原则

历史用水反映了各地区经济发展水平、各个部门产业用水水平和规模，是多个因素综合影响作用的结果，具有一定程度的合理性。承认并尊重历史现状用水，可以减少改革阻力，降低改革成本和难度，有利于维护大多数用水户的合法权益和社会稳定。同时，历史用水也可能存在诸多不合理因素，因此应重点考虑经济社会未来的用水需求，在局部范围内对现有的不合理的用水采用微调和渐进式相结合的方式进行调整。

4. 公平为主，效率兼顾原则

水资源具有对人类生存不可或缺性，所以在水资源配置时必须保证不同地区、不同人群平等的用水权，使每个用水户都拥有获得水资源使用权的平等机会，并充分考虑落后地区的用水需求和生态环境需求，保证水资源在不同区域、不同部门之间的公平配置。同时水权配置还要兼顾到水资源使用的高效率，不仅要求配置本身效率的提高，而且要求配置后的水资源向效益高的地区和部门流动。当水权配置过程中公平和效率不能兼顾时，则应在公平的原则下进行水权配置，而水权的效率原则可以在水权的流转中体现，通过水权交易，推动水资源依据市场规则进行公平竞争性优化配置，使效率低的水资源向效率高的地方流转，以提高资源的使用效率。

（1）公平性原则。公平性原则相对复杂，内涵也比较丰富，目标是在不同区域之间、社会各阶层之间各方利益进行权衡的情况下，对水资源在不同行业之间、不同时段之间和不同地区之间进行合理配置。具体包括占用优先原则、人口优先原则、面积优先原则和水源地优先原则四个子原则。各子原则都体现了不同意义上的公平性，为了能够保障水权配置的相对公平，需要综合考虑各子原则，并充分考虑不同来水的影响，综合分析不同来水量对初始水权配置的影响。公平性原则包括以下内容：①占用优先原则。占用优先原则是指基于现状用水结构进行总水量配置，是被国外广泛认可且使用的一项基本水量配置原则。河北省水资源短缺，但由于制度和历史等原因造成了河岸权制度的实施难度比较大，因此占用优先原则是河北省进行水量配置时应该遵循的一个重要原则。②人口优先原则。人口数量也是公平性原则的重要影响因素。③面积优先原则。河北省地域辽阔，水资源时空分布不均，根据地区面积进行水量配置，是公平性原则之一。④水源地优先原则。水源地上游具有天然取水优势，会占用较高比例的水量。水源地优先原则符合流域现状用水秩序，是公平性原则应该考虑的内容。

（2）效率性原则。在经济学的视角下，水资源在各个经济部门之间的配置即各个经济部门对有限的水资源进行使用，同时产生回报，而其有效的资源配置状态是指为了获取最大的经济效益，水资源利用的边际效益在各个用水部门中均相等，也即一般按单方水地区生产总值进行水量配置，要求将水量全部配置给水资源利用效益最高的地区。通常，公平性原则与效率性原则会发生冲突，在水权配置过程中，公平性原则应该优先于效率性原则。

5. 政府主导，民主协商原则

《中华人民共和国水法》规定"水资源属于国家所有"，因此水权配置应该坚持政府主导原则。该原则有利于落实国家关于水资源的各项方针政策，保障国民经济整体发展的用水需要，发挥国家对水资源实行统一配置的宏观调控职能。由于水权配置涉及不同地区的利益，因此在配置过程中应广泛听取公众的意见，实现民主参与，统筹不同地区、部门和群众的利益，实现真正意义上合理公平的水权配置。

4.3　水权确定研究方案

（1）可供水量预测。根据区域水资源条件、生态和环境保护的要求，结合区域水资源开发利用状况、水资源开发利用评价及工程和经济条件，在保证人类生活用水和保障基本生态环境用水的情况下，预测不同水平年的可供水量，该可供水量为确保水资源可持续利用和地下水采补平衡的水量，包括常规水可供水量和非常规水可供水量；并以"三条红线"控制指标为约束，将用水总量控制红线作为不可逾越的约束条件，常规水可供水量一旦超过上述红线，则以红线指标为准，对相应的常规可配置水量进行核减。河北省可供水量预测见 3.3.1 节。

（2）需水预测。根据国民经济和社会发展预测、人口增长情况，以现状各行业节水与用水水平为基础，预测不同水平年不同行业的需水量。河北省需水量预测见 3.3.2 节。

（3）节水潜力分析。综合考虑区域水资源条件、经济社会发展状况、用水及管理水平、技术水平及水价影响等因素，参考国内外先进用水水平的指标与参数，通过技术经济比较，统筹需要与可能，因地制宜，注重实效，合理确定规划水平年各行业通过综合节水措施所能达到节水目标。在此基础上，计算分析现状用水水平与节水目标的差值，并根据现状经济社会发展的实物量指标，估算通过各种节水措施可能形成的节水量。本次考虑常规节水和高效节水两种节水水平分别分行业计算节水潜力。河北省节水潜力分析见 3.2.2 节。

（4）倒逼式初始水权配置模型构建。从水资源承载力、最严格水资源管理、节水优先、用水安全耦合视角出发，在保障生活、基本生态和粮食安全用水的前提下，以追求经济效益、社会效益和环境效益的权衡最优为目标，构建基于水资源承载力的"省区-市区-行业"多水源多约束多层次多用户倒逼式水权配置模式，将科学核算的近期经济、工程允许条件的节水量作为一项潜在资源量，同近期可利用的地表水与地下水、本地水与调入水、常规水与非常规水实行统一优化配置。将水资源优化配置结果中配置给各行业的常规水资源可利用量，以水权的形式进行确权，在此基础上，按照公平原则，综合考虑不同行业的特点，采取不同的水权配置模式，将水权配置至各用水户（图4-3）。

（5）配置结果合理性分析。从与水资源承载力的适应性、对公众节水的激励性、对用水安全保障程度分析等三个方面对倒逼式初始水权配置模型不同保证率情况下的配置结果的合理性进行分析。

（6）倒逼式水权确权方法研究。为使水权配置方法简单快捷、群众易接受，充分挖掘

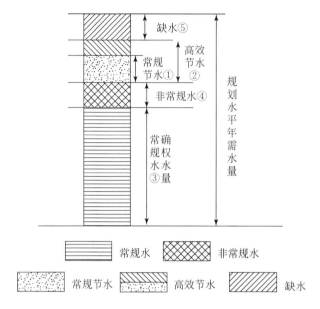

图 4-3　倒逼式水权配置模型配置思路

水权配置结果及现状各行业用水情况间的逻辑关系，提炼出简化配置模式。为确保配置方法的普适性及科学性、确权程序的合理性及可行性，结合河北省实际对配置过程中的关键问题进行研究、对确权步骤进行细化。

4.4　倒逼式初始水权配置模型的构建

本次构建的初始水权配置模型，主要是研究第二层级的水权配置，是基于用水户的取用水范围和管理权限，以县级行政区为主要配置区域，用水户为主要用水单元，将县级行政区内的可分配水量配置到不同用水行业不同用水户的水权配置。考虑到全省相关基础数据较翔实、易获取、可代表河北省平均水平，本次研究暂以全省作为一个研究区域，进行水权配置模型的构建及应用研究，待到模型配置结果的合理性和可行性进行验证后，再以邯郸市成安县作为研究对象，进行应用示例。

4.4.1　系统要素

水资源配置系统是水资源合理配置的基础，它是由通过一定的规划、设计和调控对区域水资源进行合理配置的工程性和非工程性措施所构成的综合体系。它由三个子系统组成：自然供给系统、社会需求系统和工程管理系统。需求系统要素分类见表 4-1。

表 4-1 需求系统要素分类

一级	二级	三级	备注
生活	城镇生活	城镇居民生活	
		公共用水	第三产业，含餐饮业和服务业
	农村生活	农村居民生活	
		牲畜用水	大、小牲畜
非农生产	工业		
	建筑业		
生态环境	城镇生态环境		城镇绿地灌溉、城镇河湖补水和环境卫生等
	重要湿地生态环境		主要包括白洋淀、衡水湖、南大港湿地等的补水量
农业	种植业		
	林牧渔业		

（1）自然供给系统是指由降水所供给的各种不同时间、空间、数量、质量和用途的水，该系统要素按照其来源形式和供水方式进行划分，包括常规水源（地表水源、地下水源）和非常规水源等，其中地表水源包括本地水和外调水；地下水源包括浅层地下水源和深层地下水源；非常规水源包括雨水、再生水（废水和污水处理回用）、微咸水、海水等。

（2）社会需求系统是指社会、经济、生态方面对水的需求，该系统要素按照用水行业划分，包括生活（城镇生活、农村生活）、非农生产（建筑业和工业）、农业（种植业和林牧渔业）、生态环境（城镇生态环境和重要湿地）四大类用户。社会需求系统主要构成要素见图 4-4。

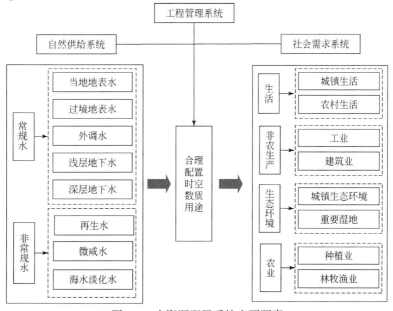

图 4-4 水资源配置系统主要要素

（3）工程管理系统则是为了协调自然供给系统与社会需求系统的工程措施和管理措施综合，该系统的目的是通过合理配置，达到社会、经济、生态综合效益最优，实现水资源的可持续发展的目标。

4.4.2　建模思路

研究区域内的水资源系统是一个包含供水、需水和管理 3 个子系统，"县区–行业–用水户"多层级的规模庞大、结构复杂、影响因素众多的系统。故本研究将该系统分解成两个级别，不同阶段求解相对简单的子系统，以此为基础建立区域内的水资源优化配置模型。模型包含两个级别：第一级以不同行业计算单元为基础，进行行业间的水资源优化配置；第二级以各个用水户为单元，将行业优化配置结果分配到各用水户。

模型运行时，在给定的供、需水条件下，先进行行业子模型的优化模拟，并将局部优化结果 $g(X)$ 反馈给总模型。总模型根据各子模型的反馈结果，计算总系统的优化结果 $f(M)$；同时将优化结果在各子模型重新进行配置，并再次进行各子模型的优化模拟，得到一组新的局部优化结果和总系统优化结果，如此反复进行，直到求得全局优化结果。其建模思路见图 4-5。

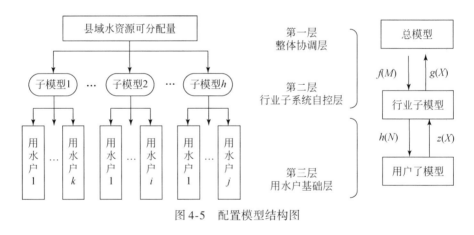

图 4-5　配置模型结构图

4.4.3　系统目标

面向区域的初始水权配置系统的总体目标优化涉及社会、经济、人口、资源、生态环境、政治以及技术等多方面因素，是典型的多目标优化决策问题。考虑到不同区域的水权配置结果缺乏公平性与效率性，将导致各区域之间的用水冲突与矛盾，造成流域水资源与社会、经济及生态环境之间协调发展的制约性。因此，本次研究确定水资源优化配置的总目标为,在满足社会环境、生态环境和技术经济等方面限制条件下,在保障生活、基本生态和粮食安全用水的前提下,追求经济效益、社会效益和环境效益的权衡最优,力求通过域内的水资源优化配置,实现地下水采补平衡,以有限的水资源支撑经济社会的可持续发展。具体可分解为以下三个目标。

(1)社会目标。一方面,必须优先保障各区域内人口生存发展的用水需求,实现人民安居乐业,最小化各区域的缺水率和因缺水导致的冲突事件数量,保障各区域的社会稳定和粮食安全,防止社会经济用水挤占生态环境用水现象的发生,解决水资源的浪费问题;另一方面,必须缓解上下游、左右岸等区域之间的用水冲突,保障各区域之间初始水权的公平合理配置,体现各区域之间用水的公平性。

(2)经济目标。在保障粮食安全生产用水的基础上,结合各区域的社会经济发展目标,合理配置经济产业用水,促进取水结构的优化,促进产业结构的优化,提高各区域水资源利用效率与经济效益。

(3)生态环境目标。生态环境建设是支撑经济社会可持续发展的前提保障。一方面,为维持河流健康发展,实现生态环境的良性循环,必须优先保障河道内生态环境的用水需求,河道内生态环境的用水需求应放在全流域的角度予以优先满足;另一方面,为美化各区域的河道外生态环境,提高各区域的绿化率,必须提高河道外生态环境用水的保证程度,保障各区域的环境景观用水与绿化用水。考虑到河北省水资源严重短缺、地下水长期超采,依据《河北省水中长期供求规划》全省近期"生态环境需水量"只能是基本达到"最小生态环境需水量"即基本生态用水,暂不考虑其他生态用水。

4.4.4 模型建立

配置模型系统由模型参数、目标函数、约束条件、运行规则等部分组成。

1. 系统集合

系统集合是组成系统的各类元素以及反映它们之间关系的所有元素的总称。基本物理元素、分析元素等称为基本元素或基本集合。在基本集合内按照某一特性划分的不同元素集合为该基本集合的子集合,而反映基本集合相互之间关系并具有某一特性的集合成为复合集合。在以下叙述的公式中,以 D_a^i 为例,大写字母表示集合的全体,下标小写字母 a 表示对应计算单元集合,上标小写字母表示该集合的元素。在系统集合的基础上可进一步定义参数和变量。参数是模型的外生变量,即模型的输入,由统计资料分析确定。变量是模型的内生变量和决策因子,由模型运行后求得(表4-2、表4-3)。

表 4-2　参数名称及意义一览表

名称	意义及说明	名称	意义及说明
SC_d	生活节水成本	SP_{sd}	海水淡化水供水成本
SC_p	非农业生产节水成本	SP_a	农业单方水产值
SC_a	农业节水成本	SP_p	非农生产单方水产值
SP_g	地下水供水成本	F	人均粮食需求量
SP_s	地表水供水成本	W	年最低工资标准
SP_t	外调水供水成本	O_p	万元工业增加值取水量
SP_r	再生水供水成本	$C_{T,rl}$	用水总量控制红线
SP_b	微咸水供水成本	$C_{g,rl}$	地下水用水总量控制红线

表 4-3　变量名称及意义一览表

名称	意义及说明	名称	意义及说明
$S_{d,L}$	常规节水水平下生活节水量	A_r	再生水资源可利用量
$S_{p,L}$	常规节水水平下非农生产节水量	A_b	微咸水资源可利用量
$S_{a,L}$	常规节水水平下农业节水量	A_{sd}	海水淡化资源可利用量
$S_{d,H}$	高效节水水平下生活节水量	D_a	农业缺水量
$S_{p,H}$	高效节水水平下非农生产节水量	D_d	生活缺水量
$S_{a,H}$	高效节水水平下农业节水量	D_p	非农生产缺水量
Y_a	农业供水量	D_e	生态环境缺水量
Y_d	生活供水量	D_T	总缺水量
Y_p	非农生产供水量	W_a	农业初始水权
R_a	农业再生水利用量	W_d	生活初始水权
R_p	非农生产再生水利用量	W_p	非农生产初始水权
R_e	生态环境再生水利用量	W_e	生态环境初始水权
C_a	农业用（需）水量	G	企业产品年产量
C_d	生活用（需）水量	I	企业年收入
C_p	非农生产用（需）水量	QV	企业年产值
C_e	生态环境用（需）水量	AI	企业年增加值
A_g	地下水资源可利用量	EA	生态环境用水户计算面积
A_s	地表水资源可利用量	P	人口
A_t	外调水资源可利用量	CA	耕地面积

2. 目标函数

本次确定目标函数包括三类：社会效益目标、经济效益目标和环境效益目标。模型目标函数设置见表4-4。

表 4-4 模型目标函数设置

目标函数	再生水回用量最大	区域缺水量最小	环境缺水量最小	经济净效益最大
优先级	1	1	2	3

1）社会效益目标

社会效益由于具有不易度量的特点，仅以水资源对社会影响的角度考虑，可以认为缺水量大小或缺水程度直接影响到社会的发展和安定，是社会效益的一个侧面反映。保障区域内人口生存发展的用水需求，则通过生活用水保证率、粮食总产量等指标在约束条件中予以体现。故研究确定社会效益目标为缺水量最小。

$$\mathrm{Min}F_1 = \sum_i D_\mathrm{a}^i + \sum_j D_\mathrm{p}^j + \sum_k D_\mathrm{e}^k \quad \forall c - i, j, k \tag{4-1}$$

2）经济效益目标

由于生活用水和生态环境用水优先保障，故经济效益目标仅考虑供水量的不同，在非农生产和农业方面产生的经济效益的差别。故研究确定经济效益目标表示为，在保障粮食安全生产用水的基础上，一定运行规则条件下供水带来的直接净效益最大。

$$\mathrm{Max}F_2 = \sum_j \left(Y_\mathrm{p}^j V_\mathrm{p}^j - \sum_l Y_{\mathrm{p,l}}^j \mathrm{SP}_{\mathrm{p,l}}^j - S_{\mathrm{p,L}}^j \mathrm{SC}_{\mathrm{p,L}}^j - S_{\mathrm{p,H}}^j \mathrm{SC}_{\mathrm{p,H}}^j \right) +$$
$$\sum_i \left(Y_\mathrm{a}^i V_\mathrm{a}^i - \sum_m Y_{\mathrm{a,m}}^i \mathrm{SP}_{\mathrm{a,m}}^i - S_{\mathrm{a,L}}^i \mathrm{SC}_{\mathrm{a,L}}^i - S_{\mathrm{a,H}}^i \mathrm{SC}_{\mathrm{a,H}}^i \right) \quad \forall c - i, j, m \tag{4-2}$$

3）环境效益目标

环境效益目标一般用再生水回用量最大和环境缺水量最小表示。

（1）再生水回用量最大目标：

$$\mathrm{Max}F_3 = \sum_i R_\mathrm{a}^i + \sum_j R_\mathrm{p}^j + \sum_k R_\mathrm{e}^k \quad \forall c - i, j, k \tag{4-3}$$

（2）环境缺水量最小目标：

$$\mathrm{Min}F_4 = \sum_k D_\mathrm{e}^k \quad \forall c - k \tag{4-4}$$

3. 约束条件

为确保水权配置结果更加符合实际，在进行模型求解过程中要考虑多方面的约束条件。

1）绝对约束

（1）区域供水总量约束。区域供给各行业的水量之和不应大于区域水资源可利用量，且不高于最严格水资源管理制度确定的用水总量控制红线。

$$\sum_i Y_a^i + \sum_j Y_p^j + \sum_k Y_e^k + \sum_l Y_d^l \leqslant \min(C_{T,rl}, A_T) \quad \forall c - i,j,k,l \quad (4\text{-}5)$$

（2）各水源供水量约束。区域不同水源供给各行业的水量之和不应大于该水源的可利用量，同时区域供给各行业的地下水量之和应大于区域浅层地下水可开采量，且不高于最严格水资源管理制度确定的地下水用水总量控制红线。

$$\begin{cases} \sum_i Y_{g,a}^i + \sum_j Y_{g,p}^j + \sum_k Y_{g,e}^k + \sum_l Y_{g,d}^l \leqslant \min(C_{g,rl}, A_g) & \forall c - i,j,k,l \\[2mm] \sum_i Y_{s,a}^i + \sum_j Y_{s,p}^j + \sum_k Y_{s,e}^k + \sum_l Y_{s,d}^l \leqslant A_s & \forall c - i,j,k,l \\[2mm] \sum_i Y_{t,a}^i + \sum_j Y_{t,p}^j + \sum_k Y_{t,e}^k + \sum_l Y_{t,d}^l \leqslant A_t & \forall c - i,j,k,l \\[2mm] \sum_i Y_{r,a}^i + \sum_j Y_{r,p}^j + \sum_k Y_{r,e}^k \leqslant A_r & \forall c - i,j,k \\[2mm] \sum_i Y_{b,a}^i + \sum_j Y_{b,p}^j + \sum_k Y_{b,e}^k \leqslant A_b & \forall c - i,j,k \\[2mm] \sum_i Y_{sd,a}^i + \sum_j Y_{sd,p}^j + \sum_k Y_{sd,e}^k \leqslant A_{sd} & \forall c - i,j,k \end{cases} \quad (4\text{-}6)$$

2）社会目标约束

（1）生活基本需水约束。水是人类赖以生存和发展的不可缺少的最重要的物质资源之一，在任何情况下生活基本需水一定要有保障。对于生活用水户来说，供水保证程度需达到95%以上，在进行优化配置时要首先满足保证生活最低需水量，生活最低需水量取生活需水量的95%。生活需水上限值，按两种情景考虑：一是保持现状节水投入力度确定的各用水户需水量，即常规节水方案下的需水量；二是本次研究参照《河北省实行最严格水资源管理制度实施方案》中"三条红线"用水指标确定的各用水户需水量，即高效节水方案下的需水量。

$$0.95 \times \sum_l C_a^l \leqslant \sum_l Y_a^l \leqslant \sum_l C_a^l \quad \forall c - l \quad (4\text{-}7)$$

（2）社会净效益约束。所谓社会净效益约束发展带来的社会净效益必须满足人类最低生活标准的需要，本次以河北省最低工资标准代替，同时采用万元工业增加值取水量折算为工业最小需水量。另外，考虑到电力行业是关系国计民生和社会发展的重要基础产业，其用水需优先满足，故也将充分考虑节能减排措施条件的电力需水量作为工业需水量的下限值。工业需水量上限值，同样按两种情景考虑，即常规节水方案下的需水量和高效节水方案下的需水量。

$$\max\left(\frac{P \times W}{\sum_j O_p^j}, \sum_j C_{p,\text{el}}^j\right) \leq \sum_j Y_p^j \leq \sum_j C_p^j \quad \forall c-j \tag{4-8}$$

（3）粮食安全需水约束。粮食安全保障是人类社会持续发展的最基本支撑点，已成为世界可持续发展的首要问题。本次将支撑粮食安全的农业灌溉需水量作为农业需水量的下限值。其中人均粮食需求量综合国内有关学者的研究确定为 400kg，单位粮食需水量根据现状农业灌溉用水量和粮食产量求得。农业需水量上限值，同样按两种情景考虑，即常规节水方案下的需水量和高效节水方案下的需水量。

$$\frac{P \times F}{O_f} \leq \sum_i Y_a^i \leq \sum_i C_a^i \quad \forall c-i \tag{4-9}$$

3）经济目标约束

经济目标约束同社会目标约束中的社会净效益约束。

4）生态目标约束

生态目标约束即环境用水量需满足环境最低需水量，本次以现状年环境需水量代替。

$$\sum_k C_{e,c}^k \leq \sum_k Y_e^k \leq \sum_k C_e^k \quad \forall c-k \tag{4-10}$$

4. 配置规则

1）行业总模型

水权配置原则站的高度更高、更宏观，具有较宽的指导性。配置规则是对配置原则的细化或衍生，比配置原则能够更好地指导和规范配置操作行为。一条配置原则可能衍生出几条操作规则，同样某一条操作规则可能与某几条原则有联系（图 4-6）。

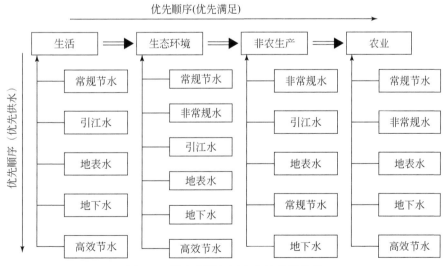

图 4-6 供水水源与用水户的配置关系

（1）统筹配置"三生"用水。立足河北省水资源严重短缺、地下水长期超采、农业用水比重过大、工业用水比重过小且用水水平较高、生态环境需水长期被挤占等实际，基于现状及近期供水条件，依据确定的配置原则及河北省出台的《河北省水中长期供求规划》等相关规划和政策文件，本次确定以下配置规则：生活用水享有绝对的优先权；在满足粮食安全的前提下，生产用水配置以经济效益最大为目标，将水资源优先配置给工业；全省近期"生态环境需水量"只能是基本达到"最小生态环境需水量"，基本生态用水在水资源优化配置中作为硬性约束条件必须在满足生活需水后优先满足。"三生"用水配置优先顺序为：充分满足城乡生活用水，保障基本生态用水，重点满足重点工业用水及一般工业的生产用水，公平保障农民生存的农业基本用水，协调分配其他农业用水、环境用水及其他用水。

（2）科学落实"节水优先"。为提高水资源的利用效率，督促不同行业节水，在水资源优化配置中优先对不同行业计算的常规节水量进行配置，然后再对不同供水水源进行配置，充分考虑以水定城发展战略，当水资源可利用量配置完，各行业需水量还未得到满足的情况下，再对高效节水量进行配置。以期达到倒逼产业结构调整、激发节水内生动力的目的。在进行各行业高效节水量配置的过程中，综合考虑社会影响、节水成本等因素。

（3）合理配置不同水源供水。根据供水水源的自然和经济特点，立足河北省地下水长期超采、外流域调水、当地地表水及非常规水利用率不高的实际，参考《河北省水资源综合规划》《河北省实行最严格水资源管理制度实施方案》《南水北调中线配套工程规划》，确定供水水源优先次序为：坚持优先利用外调水、非常规水，合理调配当地地表水，控制开采地下水。同时按用水行业的水质要求高低配置水源，尽量将水质指标高的水量优先配置给水质指标要求高的行业。水质和可靠性较好的外调水和地下水优先满足生活需水。对水质要求不高的非农生产、农业、生态环境等行业用水可结合实际确定水源配置优先级为：非常规水、地表水、地下水。地下水资源及区域内部自产的再生水、海水淡化水等非常规水，一般只配置给本单元用，有已建或规划向外单元供水的专项输水工程除外。

（4）严格遵守分水协议。对已有的正式分水方案或分水协议，如果有关方面没有大的矛盾和强烈要求修改的情况下，要予以遵守。协议有效期已到期的，可以根据新情况决定是否修改，对于其他不影响水资源配置大局的已有用水协议或分配方案能遵守的尽量遵守；对于必须改变的（如明显不合理的、有关方面强烈要求修改的），要充分征求各方的意见，结合配置原则，在充分讨论和协商的基础上，做适当修改，避免引起新的不必要的矛盾和冲突。

2）用户子模型

完成行业间的水权配置后，需建立用水户子模型，用以将水权分配到用水户。基于河北省水务管理体系及计量设施体系实际，本次确定将生活用水量分配到供水厂（站、公司），城镇生活按人口及城镇生活人均合理用水量分配到供水厂（公司）；农村生活按人口及农村生活人均合理用水量分配到供水厂（站）。非农生产中工业用水量分配到企业，建筑业、生态环境用水量分配到相应管理单位，农业用水量分配到农业用水户。非农生产用水及生态环境用水，按确定的合理用水量分配到企业或相应管理单位。农业用水，将农业可分配水量按耕地面积确权到各用水户，做到水随地走，分水到户。

（1）生活用水。为体现初始水权配置的公平性原则，保证所有的居民都有平等享有水资源的权利，采取人口分配模式，即按照行政区域或用水户（单位）内人口数量分配水权。各行政区域或用水户（单位）的水量分配规则可表示为

$$W_{d,l}^n = W_{d,l} \times \frac{P_l^n}{\sum_n P_l^n} \quad \forall c - l, n \tag{4-11}$$

（2）生态环境用水。生态环境用水对于自然生态系统的维持与水资源系统的可持续有着极其重要的作用，所以要实现地区经济社会的可持续发展，生态环境用水是不可忽视的重要方面。本次进行分配的生态用水主要包括城镇生态环境用水和重点河湖湿地用水量，其中城镇绿地生态、城镇水面和道路是城镇生态用水的主体。综合国内有关学者的研究及相关实际经验，确定生态环境用水按面积法进行分配。各行政区域或用水户（单位）的生态环境用水量分配规则可表示为

$$W_{e,k}^n = W_{e,k} \times \frac{EA_k^n}{\sum_n EA_k^n} \quad \forall c - l, n \tag{4-12}$$

（3）非农生产用水。一般情况下，非农生产用水水平及用水效率与其经济发展水平呈正相关的对应关系，工业增加值是反映地区工业发展水平的重要指标，同时每个企业的单位产品用水量又与其生产规模、生产工艺等有关。所以，非农生产各企业水量应采用定额法、类比法（以用水规模、产品结构相似的企业为标准，用增加值、年收入或年产值等类比计算用水量）等进行分配，水量分配规则可表示为

$$\begin{cases} W_{p,j}^n = W_{p,j} \times G_j^n \div \sum_n G_j^n & \forall c - j, n \\ W_{p,j}^n = W_{p,j} \times I_j^n \div \sum_n I_j^n & \forall c - j, n \\ W_{p,j}^n = W_{p,j} \times QV_j^n \div \sum_n QV_j^n & \forall c - j, n \\ W_{p,j}^n = W_{p,j} \times AI_j^n \div \sum_n AI_j^n & \forall c - j, n \end{cases} \tag{4-13}$$

（4）农业用水。农业用水主要是按照面积进行分配，面积分配是河岸优先权的一种表现形式，具有自然合理性，比较适合农业种植区的水资源分配，因此，将面积取为不同用水户的耕地面积，该用水户从宏观上考虑可以是行政区，从微观上考虑可以是农民用水

户，分配规则可表示为

$$W_{a,i}^{n} = W_{a,i} \times \frac{CA_i^n}{\sum_n CA_i^n} \quad \forall c - i, n \tag{4-14}$$

4.4.5 求解过程

水资源优化配置是一个高度复杂的多层次、多目标、多决策群、非线性的风险决策问题。本优化模型采用分解协调等大系统优化技术，将模型优化为两级模型：行业总模型和用户子模型；通过目标函数、约束条件及配置规则将不同决策者的意愿有机融入优化过程；采用多目标决策方法解决优化配置的多目标问题。首先将优化目标根据其重要性及决策者偏好，分为若干级优化目标，采用顺序决策法予以解决，高优先权的目标比低优先权的目标优先得到满足，每一个最优化的目标均遵从模型约束限制，以确保其他具有更高优先级的目标不受负面影响。同一优先级的多个优化目标，则采用 Lingo 优化软件遗传算法进行求解。

4.4.6 配置结果

1. 2020 年（$P=50\%$ 保证率）优化配置结果

基于 2020 年供水条件及挖掘节水潜力的前提下，经优化配置后，常规水资源配置到了各行业，常规节水、常规水和非常规水中除浅层地下水剩余 2.6 亿 m³ 外，其余均得到充分利用，全省生活、非农生产、生态环境、农业需水均得到满足。可见，基于 2020 年预测的供水条件及常规节水水平下，可实现区域水资源供需平衡，无须进一步加强节水力度或超采地下水。配置结果见表 4-5、表 4-6、图 4-7。

2. 2020 年（$P=75\%$ 保证率）优化配置结果

基于 2020 年供水条件及挖掘节水潜力的前提下，经优化配置后，常规水资源配置到了各行业，常规节水、常规水和非常规水均得到充分利用，全省生活、非农生产、生态环境需水均得到满足，仅农业缺水 13.0 亿 m³、缺水率为 7.7%，全省缺水 13.0 亿 m³、缺水率为 5.1%。可见，基于 2020 年预测的供水条件及常规节水水平下，无法实现区域水资源供需平衡，需进一步加强节水力度。在此基础上，基于 2020 年供水条件及高强度挖掘节水潜力的前提下，经优化配置后，常规节水、常规水、非常规水及部分高效节水均得到充分利用，全省各业需水均得到满足。配置结果见表 4-7、表 4-8、图 4-8。

表 4-5 2020 年常规节水方案水权配置结果 （$P=50\%$）

配置结果/亿 m³

配置对象		需水量/亿 m³	常规水					非常规水				节水量			合计	其中需确权水资源量	缺水量/亿 m³	缺水率/%
			引江水	当地地表水	引黄水	地下水	小计	再生水	微咸水	海水利用	小计	常规节水	高效节水	小计				
生活	城镇	22.8	20.0				20.0				0.0	2.8		2.8	22.8	20.0	0.0	0.0
	农村	9.9	0.9			9.0	9.9				0.0	0		0.0	9.9	9.9	0.0	0.0
生态环境		8.5		4.5			4.5	4.0			4.0	0		0.0	8.5	4.5	0.0	0.0
非农生产		46.3	7.0	23.2			30.2	6.0		2.0	8.0	8.1		8.1	46.3	30.2	0.0	0.0
农业		154.5	0.0	29.3	9.2	87.4	125.9	2.0	3.6		5.6	23.0		23.0	154.5	125.9	0.0	0.0
合计		242.0	27.9	57.0	9.2	96.4	190.5	12.0	3.6	2.0	17.6	33.9		33.9	242.0	190.5	0.0	0.0

表 4-6 2020 年高效节水方案水权配置结果 （$P=50\%$）

配置结果/亿 m³

配置对象		需水量/亿 m³	常规水					非常规水				节水量			合计	其中需确权水资源量	缺水量/亿 m³	缺水率/%
			引江水	当地地表水	引黄水	地下水	小计	再生水	微咸水	海水利用	小计	常规节水	高效节水	小计				
生活	城镇	22.8	20.0				20.0				0.0	2.8		2.8	22.8	20.0	0.0	0.0
	农村	9.9	0.9			9.0	9.9				0.0	0		0.0	9.9	9.9	0.0	0.0
生态环境		8.5		4.5			4.5	4.0			4.0	0		0.0	8.5	4.5	0.0	0.0
非农生产		46.3	7.0	23.2			30.2	6.0		2.0	8.0	8.1		8.1	46.3	30.2	0.0	0.0
农业		154.5	0.0	29.3	9.2	87.4	125.9	2.0	3.6		5.6	23.0		23.0	154.5	125.9	0.0	0.0
合计		242.0	27.9	57.0	9.2	96.4	190.5	12.0	3.6	2.0	17.6	33.9		33.9	242.0	190.5	0.0	0.0

表 4-7 2020 年常规节水方案水权配置结果（P=75%）

配置对象		需水量/亿m³	配置结果/亿m³													合计	其中需确权水资源量 /亿m³	缺水量 /亿m³	缺水率 /%
			常规水					非常规水				节水量							
			引江水	当地地表水	引黄水	地下水	小计	再生水	微咸水	海水利用	小计	常规节水	高效节水	小计				
生活	城镇	22.8	20.0				20.0				0.0	2.8		2.8	22.8	20.0	0.0	0.0
	农村	9.9	0.9		9.0		9.9				0.0	0.0		0.0	9.9	9.9	0.0	0.0
生态环境		8.5		4.5			4.5	4.0			4.0	0.0		0.0	8.5	4.5	0.0	0.0
非农生产		46.3	7.0	23.2	0.0	0.0	30.2	6.0		2.0	8.0	8.1		8.1	46.3	30.2	0.0	0.0
农业		169.1	0.0	21.9	9.2	90.0	121.1	2.0	3.6		5.6	29.4		29.4	156.1	121.1	13.0	7.7
合计		256.6	27.9	49.6	9.2	99.0	185.7	12.0	3.6	2.0	17.6	40.3		40.3	243.6	185.7	13.0	5.1

表 4-8 2020 年高效节水方案水权配置结果（P=75%）

配置对象		需水量/亿m³	配置结果/亿m³													合计	其中需确权水资源量 /亿m³	缺水量 /亿m³	缺水率 /%
			常规水					非常规水				节水量							
			引江水	当地地表水	引黄水	地下水	小计	再生水	微咸水	海水利用	小计	常规节水	高效节水	小计				
生活	城镇	22.8	20.0				20.0				0.0	2.8	0.0	2.8	22.8	20.0	0.0	0.0
	农村	9.9	1.0			8.9	9.9				0.0	0.0	0.0	0.0	9.9	9.9	0.0	0.0
生态环境		8.5		4.5			4.5	4.0			4.0	0.0	0.0	0.0	8.5	4.5	0.0	0.0
非农生产		46.3	6.9	20.1	0.0	0.0	27.0	6.0		2.0	8.0	8.1	3.2	11.3	46.3	27.0	0.0	0.0
农业		169.1	0.0	25.0	9.2	90.1	124.3	2.0	3.6		5.6	29.4	9.8	39.2	169.1	124.3	0.0	0.0
合计		256.6	27.9	49.6	9.2	99.0	185.7	12.0	3.6	2.0	17.6	40.3	13.0	53.3	256.6	185.7	0.0	0.0

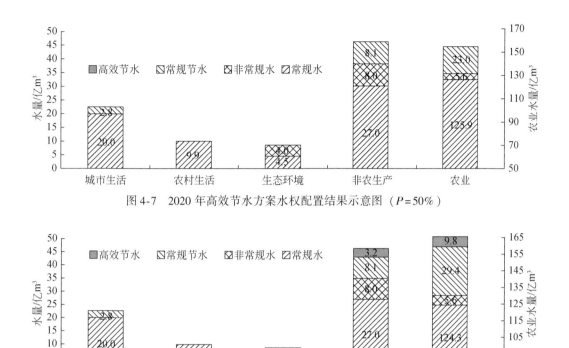

图 4-7　2020 年高效节水方案水权配置结果示意图（$P=50\%$）

图 4-8　2020 年高效节水方案水权配置结果示意图（$P=75\%$）

4.5　水权配置结果合理性评价

合理的水权配置不仅能够实现各用水部门用水量与地区水资源承载力相符合，还应在保障用水安全的前提下实现水资源高效及可持续利用。本节从区域水资源承载力适应性、公众节水激励性和用水安全保障程度三个方面对水权配置结果的合理性进行分析。

4.5.1　区域水资源承载力适应性

水资源承载力是在一定阶段和区域内的水资源，以维持经济社会系统和生态系统可持续发展为原则，能够支撑、保证当地经济社会、生态环境等各个方面良好发展的能力。从水资源配置与承载力的总体关系来看，水资源配置是一个重要的手段，水资源承载力是水资源配置的约束条件，也是最终目的。因此对水资源承载力的适应性分析是进行水权配置合理性评价过程中较重要的一个方面。

从水资源承载力的作用和影响来看，水权配置中的水资源承载力分析从两个方面出发：首先水权配置应该满足水资源承载力的要求，保证水资源可持续发展；其次是要符合水资源管理红线控制要求，通过充分发挥水资源管理红线的倒逼机制，实现经济社会发展与水资源承载力相协调，推进产业结构调整和区域经济布局优化。结合河北省实际，选取地表水配置率、地下水配置率、用水总量控制率和地下水用量控制率等为评价指标进行水资源承载力适应性分析。

$$地表水配置率 = \frac{地表水配置量}{地表水可供量} \times 100\% \tag{4-15}$$

$$地下水配置率 = \frac{地下水配置量}{地下水可供量} \times 100\% \tag{4-16}$$

$$用水总量控制率 = \frac{用水总量控制红线}{常规水资源配置量} \times 100\% \tag{4-17}$$

$$地下水用量控制率 = \frac{地下水控制红线}{地下水配置量} \times 100\% \tag{4-18}$$

经计算知，2020 年地表水配置率、地下水配置率均未超过 100%，水权配置严守了水资源承载力"硬约束"，践行了以水定城发展战略；2020 年常规水水资源配置总量和地下水配置量，均小于控制红线指标，用水总量控制率及地下水用量控制率均大于 100%，水权配置严格落实了最严格水资源管理制度，严守了三条红线"硬约束"。综上，水权配置结果符合河北省水资源承载力及最严格水资源管理制度的要求，将倒逼公众实现经济社会发展与水资源承载能力相协调，因此水权配置结果与河北省的水资源承载力相适应。配置结果与区域水资源承载力适应性分析见表 4-9。

表 4-9　配置结果与区域水资源承载力适应性分析

年份	保证率	地表水 可供量 /亿 m³	地表水 配置量 /亿 m³	地下水 配置率 /%	地下水 可供量 /亿 m³	地下水 配置量 /亿 m³	地下水 配置率 /%
2020 年	$P=50\%$	94.1	94.1	100.0	99.0	96.4	97.4
	$P=75\%$	86.7	86.7	100.0		99.0	100.0

年份	保证率	用水总量 控制红线 /亿 m³	常规水资 源配置量 /亿 m³	用水总量 控制率 /%	地下水控 制红线 /亿 m³	地下水用量控制率 /%	
2020 年	$P=50\%$	221	190.5	116.0	119	123.4	
	$P=75\%$		185.7	119.0		120.2	

4.5.2　公众节水激励性

水权配置结果是否能够激发公众节水动力是能否解决一个地区水资源危机的关键。对公众节水的激励性分析主要体现在水权配置结果激发各部门挖掘节水潜力尤其是用水大户的节水潜力、利用非常规水的能力,因此选取节水率、农业节水率、非常规水供水量占总供水量的比例作为节水激励性指标进行分析。节水激励性指标分析见表 4-10。

$$节水率 = \frac{节水总量}{需水总量} \times 100\% \qquad (4-19)$$

$$农业节水率 = \frac{农业节水总量}{农业需水量} \times 100\% \qquad (4-20)$$

$$非常规水供水量占总供水量的比例 = \frac{非常规水供水量}{总供水量} \times 100\% \qquad (4-21)$$

表 4-10 节水激励性指标分析

年份	保证率	节水水平	节水总量/亿 m³	需(供)水总量/亿 m³	节水率/%	农业节水量/亿 m³	农业需水量/亿 m³	农业节水率/%	非常规水配置量/亿 m³	非常规水供水量占总供水量的比例/%
2013	—	—	—	191.3	—	—	—	—	5.0	2.6
2020	P=50%	常规节水	33.9	242.0	14.0	23.0	154.5	14.9	17.6	7.3
		高效节水	33.9		14.0	23.0		14.9		7.3
	P=75%	高效节水	53.3		20.8	39.2		23.1		6.9

分析表 4-10 可知,为达到区域的水资源供需平衡,本次水权配置给各行业的节水量(任务)达总需水量的 14% ~ 20%,其中分配给农业的节水量(任务)占农业需水量的 15% ~ 23%,分配给各行业的非常规水利用量(任务)达总供水量的 7% 左右。通过这种潜在的 "强制性" 分配节水、非常规水利用任务来倒逼各部门,以提高节水水平、加大非常规水利用量。当然,这种倒逼机制的实现还需要不断完善的水价制度及水权交易制度等市场机制来保障。总之,通过倒逼式水权配置,不仅能够满足各部门各行业的需水要求,还能激励公众节水,实现水资源高效利用,是一种高效的配水模式,是符合河北省实际情况的水权配置方法。

4.5.3 用水安全保障程度

水是生命之源、生产之要、生态之基,水安全已上升为国家战略,保障用水安全是水权配置的首要目的。用水安全保障主要包括基本生活用水保障、基本生态用水保障、经济社会可持续发展保障和粮食安全保障等几个方面,因此从这几个方面对水权配置结果进行用水安全保障程度分析。2020 年用水安全保障程度分析见表 4-11。

表 4-11　2020 年用水安全保障程度分析

保证率	节水水平	配置对象		需水量 /亿 m³	配置水量/亿 m³				缺水量 /亿 m³	缺水率 /%
					常规水	非常规水	节水量	小计		
$P = 50\%$	高效节水 （常规节水）	生活	城镇	22.8	20.0	0	2.8	22.8	0	0
			农村	9.9	9.9	0	0	9.9	0	0
		生态环境		8.5	4.5	4.0	0	8.5	0	0
		非农生产		46.3	30.2	8.0	8.1	46.3	0	0
		农业		154.5	125.9	5.6	23.0	154.5	0	0
		合计		242.0	190.5	17.6	33.9	242.0	0	0
$P = 75\%$	高效节水	生活	城镇	22.8	20.0	0	2.8	22.8	0	0
			农村	9.9	9.9	0	0	9.9	0	0
		生态环境		8.5	4.5	4.0	0	8.5	0	0
		非农生产		46.3	27.0	8.0	11.3	46.3	0	0
		农业		169.1	124.3	5.6	39.2	169.1	0	0
		合计		256.6	185.7	17.6	53.3	256.6	0	0

1. 生活用水安全分析

生活用水包括城镇生活用水、农村生活用水。通过缺水率和人均日用水量对生活用水安全进行分析。

根据水权配置结果，在考虑适当节水的情况下，生活需水可以得到 100% 满足，缺水率为 0。同时在需水的预测过程中充分考虑了因居民生活水平提高而对水需求量的增加，2020年城镇生活人均日用水量、农村生活人均日用水量分别按年均 5.2%、2.8% 的增长率增长，远高于 2010 ～ 2013 年城镇生活人均日用水量、农村生活人均日用水量 1.6%、1.5% 的年均增长率。由此可见水权配置能够保障生活用水安全。生活用水安全分析见图 4-9。

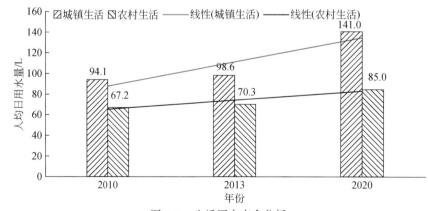

图 4-9　生活用水安全分析

2. 非农生产用水安全分析

根据水权配置结果，在适当考虑开源节流的情况下，非农生产需水可以得到100%满足，缺水率为0。同时在非农生产需水预测过程中充分考虑了国民经济发展纲要中确定的经济增长目标。配置节水任务时仅考虑了节水潜力较大的工业。经计算2020年高效节水条件下万元工业增加值用水量需下降至 $11.0m^3$，比2013年年均下降7.5%，略低于2010~2013年万元工业增加值用水量年均下降率8.1%，既定目标完成可以实现。同时既定目标略高于最严格水资源管理制度实施方案确定的年均下降6.5%目标，符合《河北省保障水安全实施纲要》中确定的2020年万元工业增加值用水量下降至 $12m^3$ 以下的要求。可见水权配置能够满足非农生产用水安全、同时符合最严格水资源管理制度及水安全实施纲要对工业节水的相关要求。

3. 生态环境用水安全分析

根据水权配置结果，在结合再生水配套工程建设、适当考虑开源的情况下，生态环境需水可以得到100%满足，缺水率为0。同时依据相关规范采用定额法进行的需水量预测，预测过程中结合城市总体规划充分考虑了河湖生态、市政绿化等面积的增长。当然考虑到河北省水资源严重短缺、地下水长期超采，近期"生态环境需水量"只能是基本达到"最小生态环境需水量"即基本生态用水。由此，可见水权配置能够满足基本生态环境用水安全。

4. 农业用水安全分析

中国作为一个发展中的大国，人口多、粮食消费量大，保障我国的粮食安全用水是水权配置中需要优先考虑的目标。

水权配置中，在充分考虑开源节流的情况下，农业需水量可以得到100%满足，缺水率为0。以高效节水方案（ $P=50\%$ ）为例，配置给农业的水量为154.5亿 m^3（常规水为125.9亿 m^3），大于测算的粮食安全用水量124.8亿 m^3 及现状农业用水量137.6亿 m^3，能够保障粮食安全用水量、农业生产用水（表4-11），故水权配置结果能够保障粮食安全及农业用水安全。

4.6 倒逼式水权确权方法研究

经4.5节水权配置结果合理性评价知，本次配置结果与区域水资源承载力有很好的相符性，对公众节水有很好的激励作用，同时可以有效保障生活、生产、生态用水安全，可作为开展水权确权的技术依据。但考虑到初始水权配置模型求解过程复杂，不宜在河北省地下水超采区乃至全省推广，需简化成一种简单快捷、群众易接受、具有普适性及可操作性的配置模式。同时为确保配置方法的普适性及科学性、确权程序的合理性及可行性，结合河北省实际对配置过程中的关键问题进行研究、对确权步骤进行细化。

4.6.1 配置模式简化

对水权配置结果及现状各行业用水情况间的逻辑关系进行分析，试图提炼出简化配置模式。本次仍以 2020 年水资源优化配置结果为例进行分析。

对比发现，2020 年水资源优化配置结果中的常规水资源配置量，即需确权的水资源，仅比 2013 年实际需水量小 0.4% ~ 8.8%。其中非农生产常规水资源配置量比 2013 年实际需水量大 1.7% ~ 13.7%（工业实际需水量比 2013 年大 1.8% ~ 14.4%、建筑业与 2013 年实际需水量基本持平），生活常规水资源配置量比 2013 年实际需水量大 33.2%（其中农村生活比 2013 年实际需水量大 1.8%，城镇生活比 2013 年实际需水量大 57.3%），生态环境常规水资源配置量比 2013 年实际需水量小 3.2%，农业常规水资源配置量比 2013 年实际需水量小 8.5% ~ 17.1%。配置结果充分遵循了确定的配置原则，同时符合河北省水安全纲要提出的"生活用水微增长、工业用水零增长、农业用水负增长"，见表 4-12、表 4-13、图 4-10 ~ 图 4 ~ 12。

因此可将倒逼式水权配置模式简化为：非农生产、生态环境及生活用水权为现状合理用水量，同时预留生活需水量增量作为预留量，非农生产需水增量通过节水和利用非常规水来解决，生态环境需水增量通过利用非常规水来解决，农业用水权为区域可利用水量（符合最严格水资源管理制度要求）扣除非农生产、生态环境及生活用水权和预留水量后剩余水量。

该方法采用"宏观配置与微观配置相结合、总量控制与定额管理相结合、尊重历史与考虑现状相结合"的层层分解方法，将水权从区域配置到用户。配置过程具体可表述为：以县域为水权配置单元，在全面分析县域内现状社会经济情况、水资源情况、供用水情况、水利工程、水资源管理以及水资源开发利用存在的主要问题的基础上，考虑县域内的现有水量和水权证有限期内规划增加即可预见水量，根据近几年各行业的用水情况、用水特点及未来经济发展相关规划，确定合理的生活、非农生产、生态环境用水量和预留水量；通过对县域内地表水、外调水、浅层地下水等各种水源情况进行分析，确定可持续利用、地下水采补平衡的水量作为可分配水量，并以"三条红线"控制指标及第一层级分配指标双向控制，确定可分配水总量。在此基础上层层分解至生活、非农生产、生态环境、预留水量和农业等各行业最小配置单元、用水户，见图 4-13。

表 4-12　2020 年河北省水资源优化配置结果分析（P=50%）

项目	农业（含林牧渔）P=50%	非农生产			生活			生态环境	总计 P=50%
		工业	建筑业	小计	城镇	农村	小计		
2013 年需水量/亿 m³	137.6	25.2	1.3	26.5	12.7	9.8	22.5	4.7	191.3
2020 年需水量/亿 m³	154.5	44.1	2.2	46.3	22.8	9.9	32.7	8.5	242.0
2020 年常规节水方案配置结果　节水量/亿 m³	23.0	8.1	0.0	8.1	2.8	0.0	2.8	0.0	33.9
非常规水资源量/亿 m³	5.6	7.1	0.9	8.0	0.0	0.0	0.0	4.0	17.6
常规水资源量/亿 m³	125.9	28.9	1.3	30.2	20.0	9.9	29.9	4.5	190.5
常规水资源量配置量比 2013 年需水量增加/%	-8.5	14.4	0.0	13.7	57.3	1.8	33.2	-3.2	-0.4
2020 年高效节水方案配置结果　节水量/亿 m³	23.0	8.1	0.0	8.1	2.8	0.0	2.8	0.0	33.9
非常规水资源量/亿 m³	5.6	7.1	0.9	8.0	0.0	0.0	0.0	4.0	17.6
常规水资源量/亿 m³	125.9	28.9	1.3	30.2	20.0	9.9	29.9	4.5	190.5
常规水资源量配置量比 2013 年需水量增加/%	-8.5	14.4	0.0	13.7	57.3	1.8	33.2	-3.2	-0.4

表4-13　2020年河北省水资源优化配置结果分析（P=75%）

项目	农业（含林牧渔）P=75%	非农生产			生活			生态环境	总计 P=75%
		工业	建筑业	小计	城镇	农村	小计		
2013年需水量/亿m³	150.0	25.2	1.3	26.5	12.7	9.8	22.5	4.7	203.6
2020年需水量/亿m³	169.1	44.1	2.2	46.3	22.8	9.9	32.7	8.5	256.6
2020年常规节水方案配置结果　常规水资源量/亿m³	134.2	28.9	1.3	30.2	20.0	9.9	29.9	4.5	185.7
2020年常规节水方案配置结果　非常规水资源量/亿m³	5.6	7.1	0.9	8.0	0.0	0.0	0.0	4.0	17.6
2020年常规节水方案配置结果　节水量/亿m³	29.3	8.1	0.0	8.1	2.8	0.0	2.8	0.0	40.3
2020年常规节水方案配置结果　常规水资源配置量比2013年需水量增加/%	-10.6	14.4	0.0	13.7	57.3	1.8	33.2	-3.2	-8.8
2020年高效节水方案配置结果　常规水资源量/亿m³	124.3	25.7	1.3	27.0	20.0	9.9	29.9	4.5	185.7
2020年高效节水方案配置结果　非常规水资源量/亿m³	5.6	7.1	0.9	8.0	0.0	0.0	0.0	4.0	17.6
2020年高效节水方案配置结果　节水量/亿m³	39.2	11.3	0.0	11.3	2.8	0.0	2.8	0.0	53.3
2020年高效节水方案配置结果　常规水资源配置量比2013年需水量增加/%	-17.1	1.8	0.0	1.7	57.3	1.8	33.2	-3.2	-8.8

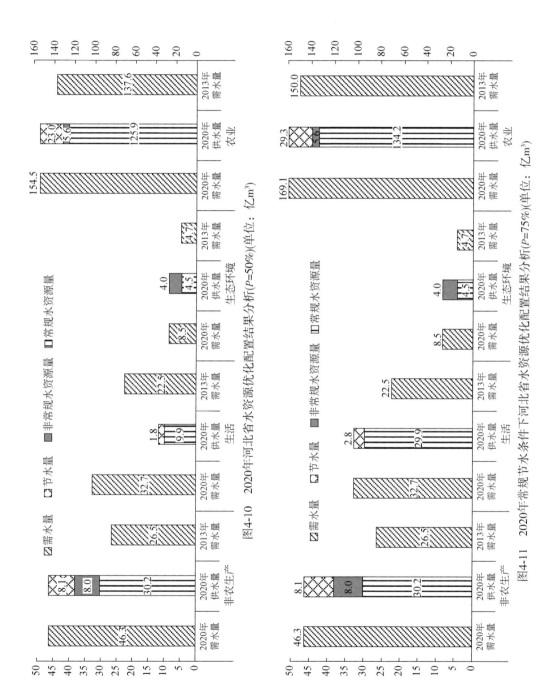

图4-10 2020年河北省水资源优化配置结果分析(P=50%)(单位：亿m³)

图4-11 2020年常规节水条件下河北省水资源优化配置结果分析(P=75%)(单位：亿m³)

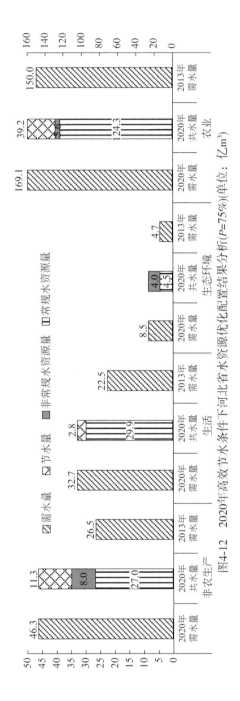

图4-12 2020年高效节水条件下河北省水资源优化配置结果分析(P=75%)(单位：亿m³)

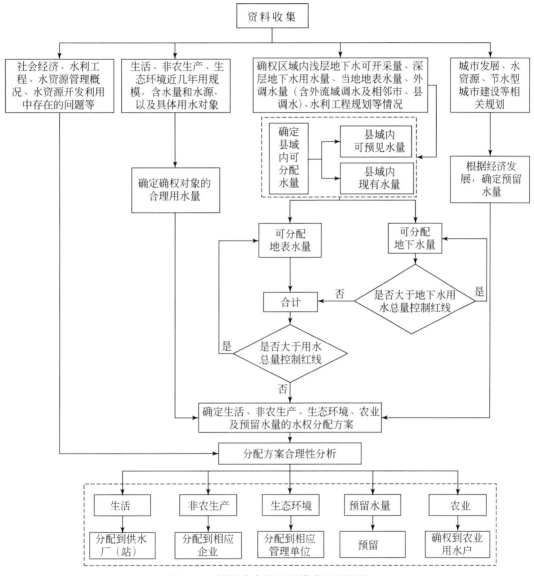

图 4-13　倒逼式水权配置模式配置流程

4.6.2　关键问题确定

1. 可分配水总量确定

立足河北省水资源严重短缺、供不应求导致地下水严重超采的现状，本次可分配水总量确定过程中严格落实"以水定城、以水定地、以水定人、以水定产"新理念，把"水资源承载力、用水总量控制红线"作为刚性约束，正确认识"水资源可利用量受来水条件、用水条件、工程条件等制约"的客观事实，把较用水总量控制红线更为严格的水资源可利用量（主要包括县域内浅层地下水可开采量、近3年当地地表水平均可利用量及域外可调入水量）作为可分配水总量。将用水总量控制红线作为不可逾越的约束条件，可分配水总量一旦超过上述红线，则以红线指标为准，对相应的可分配水量进行核减，最后确定可分配水总量。凸显了河北省在水资源管理方面的"高标准、严要求"。确定过程见式（4-22）、式（4-23）和图4-14。

数学表达式为

$$Q = \sum_{i=1}^{n} G_i + \sum_{j=1}^{m} S_j \tag{4-22}$$

约束条件：

$$\sum_{i=1}^{n} G_i \leq W_g; \quad \sum_{j=1}^{m} S_j \leq W_z \tag{4-23}$$

式中：Q 为可分配水总量；G_i 为可分配地下水量；n 为地下水类型，主要为浅层地下水；S_j 为可分配地表水量；m 为地表水类型，包括当地地表、引江水、引黄水、引卫水、引水库水以及方案实施年份工程条件下新增的地表水供水量等；W_g 为地下水总量控制红线；W_z 为总量控制红线。

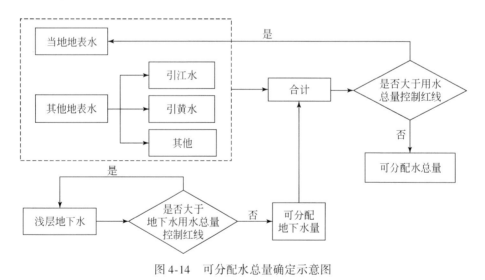

图4-14 可分配水总量确定示意图

2. 合理的预留水量确定

为支撑全省经济社会生态持续健康发展，预留一部分水量用于应对未来发展对水资源需求的不确定性十分必要。针对河北省水资源开发利用程度较高、地下水超采严重的事实，水权改革过程中只预留为保证水权证有效期内基本生活和生态环境需水增长的水量，工农业生产新增用水量，通过水权流转、使用非常规水或新建地表水供水工程解决，不再预留。基本生活和生态环境需水增量充分考虑水权证有效期内城镇化进程加快、人民生活水平提高、生态文明建设持续推进等对计算基数及用水定额的影响，采用定额法进行预测。生态环境需水增量严格贯彻落实《水污染防治行动计划》及《河北省水污染防治工作方案》，优先使用再生水。

3. 各行业可分配水量确定

本次以减少改革阻力，降低改革成本和难度，维护大多数用水户合法权益和社会稳定为出发点，以尊重历史、适当调整为原则，以 2011～2013 年实际用水量为基础，以相关标准规范为约束，双管齐下、部分微调，确定生活、非农生产、生态环境合理用水量，作为各行业可分配水量。在此基础上，将确定的可分配水总量扣除合理的生活、非农生产、生态环境用水量和预留水量后，作为农业可分配水量。

1）合理的生活用水量确定

生活水量的确定关系到生活的基本保障和生活质量，具有较强的刚性色彩。合理的生活用水量确定，应充分考虑纵向历史用水情况、横向相邻县域用水水平、行政管理层面的政策约束、技术统计层面的标准规范约束，以 2011～2013 年平均用水量为基础，以相邻县域用水水平为参照，以《河北省用水定额》中的生活用水定额及《河北省加快建立完善城镇居民用水阶梯水价制度的实施意见》中的保障居民基本生活用水需求的第一阶梯水量为约束，根据计量设施安装情况，选择调查统计法（$Q_{实际}$）、定额分析法（$Q_{定额}$）、类比法（$Q_{类比}$）、政策约束法（$Q_{政策}$）等方法，分别确定城镇生活、农村生活（含散养牲畜）合理用水量。

（1）城镇居民生活：以自来水厂（公司）供水为主，计量设施较健全，以城镇生活用水定额校核水厂（公司）2011～2013 年人均日实际供水量，并不得高于全省居民生活实施阶梯水价后保障居民基本生活用水需求的一级阶梯水量基数，即 109.6L/（人·d）。

（2）农村居民生活：有计量设施的，以农村生活用水定额校核集中供水站或供水井近 3 年人均日实际供水量；无计量设施的，以用水定额校核类比法确定的取水量。

生活合理用水量确定见图 4-15。

2）合理的非农生产用水量确定

非农生产用水量，为工业、建筑业、采掘业等各用水企业合理用水量之和。非农生产合理用水量确定方法与生活合理用水量类似。本次以工业合理用水量确定为例。以 2011～2013 年平均用水量或水平衡测试成果为基础，以同类地区同类行业相近规模用水水平为参照，以《河北省用水定额》中的单位产品用水定额及水行政主管部门核准颁发的取水许可证许可水量为约束，根据取水许可证办理情况及计量设施安装情况，选择调查统计法（$Q_{实际}$）、水资源论证法（$Q_{论证}$）、取水许可证法（$Q_{许可}$）、水平衡测试法（$Q_{测试}$）、定额

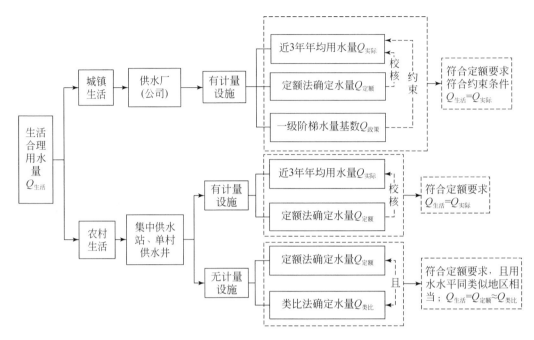

图 4-15　生活合理用水量确定

法（$Q_{定额}$）、类比法（产值）（$Q_{类比}$）等方法，综合确定工业合理用水量，见图 4-16。

根据全省取水许可制度的落实情况，按照有取水许可证（含过期）和无取水许可证分类进行合理用水量的核定，采用两两校核法，按照计量设施的安装情况确定不同的核算方法。

（1）取水许可证在期。有计量设施的以近 3 年实际用水量校核取水许可水量，无计量设施的以定额法计算的水量校核取水许可水量。两者误差小于 10%，取取水许可量；反之取小值。

（2）取水许可证过期。有计量设施的以定额法校核 2011～2013 年实际用水量，无计量设施的以定额法校核 2011～2013 年实际用水量。两者误差小于 10%，取 2011～2013 年实际用水量；反之取小值。

（3）无取水许可证。有计量设施的，按要求开展水资源论证，并采用 2011～2013 年实际用水量进行校核，取水资源论证报告书（表）确定的水量；无计量设施的，按要求开展水资源论证，并采用类比法（以用水规模、产品结构相似的企业为标准，用工业增加值、年收入或年产值等类比计算用水量）进行校核，取水资源论证报告书（表）确定的水量；对于零星分布的小微企业，由于缺少计量设施又不具备开展水资源论证和水平衡测试的经济条件，采用定额法核算用水量，以类比法进行校核，取小值。

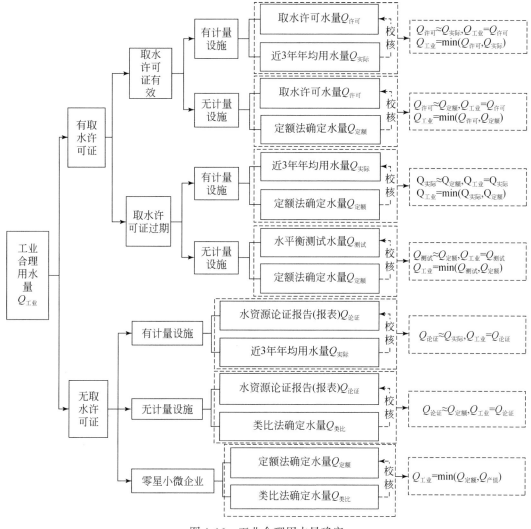

图 4-16 工业合理用水量确定

3）合理的生态环境用水量确定

在进行从流域到河北省、各地级市、各县级行政区的第一层级水权配置时，已立足保护河流健康生态需求，对各级可分配水量进行了界定。故在本次第二层级水权配置过程中，生态环境用水仅考虑城镇景观河湖生态、市政绿化、环境卫生等用水。针对全省生态环境用水不足的实际，本次以 2011～2013 年平均用水量作为合理用水量，以相关标准规范核算实际需水量，严格贯彻落实国家和河北省水污染防治政策，提出优先利用再生水解决生态环境现状亏缺部分，确保生态环境用水得到有效保障。

4）农业可分配水量确定

农业可分配水量为确定的可分配水量扣除合理的生活、非农生产、生态环境等用水量和预留水量后的剩余水量。

4. 用户水量分配

基于河北省水务管理体系及计量设施体系实际，本次确定将生活用水量分配到供水厂（站、公司），非农生产中工业用水量分配到企业，建筑业、生态环境用水量分配到相应管理单位，农业用水量分配到农业用水户。

（1）生活用水。城镇生活按人口及城镇生活人均合理用水量分配到供水厂（公司）；农村生活按人口及农村生活人均合理用水量分配到供水厂（站）。

（2）非农生产用水及生态环境用水。按确定的合理用水量分配到企业或相应管理单位。

（3）农业用水。将农业可分配水量按耕地面积确权到各用水户，做到水随地走，分水到户。

5. 水权确权形式

按照《中华人民共和国水法》规定，直接从江河、湖泊或者地下取用水资源的单位和个人，应当按照国家取水许可制度，向水行政主管部门或者流域管理机构申请领取取水许可证。取水权的主体是直接从江河、湖泊或者地下取用水资源的取用水户，如供水公司（厂、站）、自备井用水户、灌区等，对于使用公共供水用水户，重点是灌区用水户和城市供水管网内的用水单位的用水权，可以采取发放水权证或下达用水计划指标等形式进行确权。可见，水权证和取水许可证都是水权的表现形式，是以法律文书的形式确定用水户的用水量、用途和期限。基于全省非农用水取水许可制度落实较好的实际，本次确定对生活、工业企业、生态用水核发取水许可证，对农业用水核发水权证。水权证经县级人民政府盖章后，由县（市）水行政主管部门发放。

6. 水权期限设定

本次配置的水权额度是能立即兑现的水量，受降水条件、上游来水情况、供水工程条件和经济用水需求等影响较大。同时，河北省水权制度改革尚处于探索阶段，基础配套设施有待进一步完善，探索提出的配置方法还有待进一步验证。为保障各用水户的即期利益，取水权设定为短期水权，期限暂定为3年，期满后可根据实际情况进行调整。

4.6.3 水权确权步骤

结合当地实际，确定通过"七步走"，推动水权确权工作顺利实施。

（1）编制方案。水资源使用权分配方案是县域内水权确权工作的依据和遵循。各县

（市、区）聘请技术单位或自行编制分配方案，认真核对县域内可分配水量和用水户现状取用水数据的准确性和可靠性。

（2）技术审查。省、市组成联合技术审查组，对方案的编制依据、基础资料、可分配水量、预留水量、各行业水量分配等内容逐项审查，提出修改建议和意见，实行专家盯办制。

（3）确权公示。对生活、非农生产、生态环境取用水户，采取书面告知等方式，通知其核定后的取水许可量，征求用水户对水权确权结果的意见和建议；对农业取水户，以行政村为单位，将水权确权结果进行公示，设置举报箱和电话，接受群众监督。

（4）县级审批。县级水行政主管部门向本级人民政府提出方案批准申请，并提交水资源使用权分配方案、水行政主管部门对方案的审核意见、专家审查确认意见、公示情况等相关资料，县级人民政府对分配方案进行审核批准。

（5）上报备案。公示无异议并经县级人民政府批准后，由县级水行政主管部门将本级人民政府批准文件及方案成果上报省、市水行政主管部门备案。

（6）确权发证。县级水行政主管部门深入供水厂（站）、厂矿企业、水管单位等，将核实后的水量按取水许可证发放程序和要求核发到用水户；对待发、换发、未发取水许可证的，按 460 号令有关规定进行办理。对农业用水户水权参照水权证编码规则统一编号登记，水权证加盖县级人民政府公章后，由县级水行政主管部门发证到户。

（7）登记造册。县级水行政主管部门对确权结果进行登记造册、存档，建立水权确权登记管理平台，逐步实现查询、变更、交易等过程的系统化、科学化、规范化管理。

4.7 河北省水权确权系统开发

4.7.1 系统设计目标

以提出的倒逼式水权确权方法为基础，采用 .NET 框架，基于 JQuery、Java、CSS、HTML 开发技术，建立 B/S 架构，使用 C#开发语言和 SQL Server 数据库开发一套河北省水权确权系统，通过人机交互实现水权确权智能化，有效提高水权确权的速度和准确度，为河北省水权确权工作的顺利开展提供技术支撑。

（1）信息处理功能。收集、整理、分析河北省各县（市、区）水权配置过程中涉及的社会经济、水资源量、供用水、灌溉面积、河湖面积等基础资料，采用定额法、趋势法、经验系数法等，进行合理性分析、标准化及规范化处理，建成基础信息数据库处理系统。

（2）科学配置功能。以用户输入信息为基础，根据水权配置模型，将用水量配置到各行业及各用水户，实现对县域水权科学合理的配置。

（3）输出打印功能。用户可以根据需要将水权配置结果导出到 Excel 文件，也可以根据需要直接打印。

（4）人机交互功能。用户可以根据需要对数据进行一系列操作，如查询、修改、增删等。

（5）安全保密功能。保证数据的共享性、独立性、完整性，对不同的用户实现不同的管理权限，以保证数据的安全。

4.7.2　系统运行环境

系统运行时离不开软、硬件的支持，只有合适的运行环境才能使系统得以稳定运行。系统运行环境分为硬件环境、软件环境和网络环境。硬件环境需要双核 CPU、4GB 内存及以上，存储空间 2T 以上且支持 RAID10，显示器 1920×1080 分辨率等。软件环境需要安装 Windows/Linux 操作系统、浏览器，数据库 SQL Server2008R2 等。网络环境需要配置 2M 专线。其具体要求见表 4-14。

表 4-14　系统环境的要求

分类	描述
硬件环境	服务器：标准 WEB 服务器组（1~2 台）、存储空间 2T 支持 RAID10
	CPU：双核、4GB 内存及以上
	显示器：1920×1080 分辨率
软件环境	PC 端：Windows/Linux 系统、浏览器
	服务器：Windows Server2008R2、SQL Server2008R2、.NET4.5、IIS7.0
网络环境	2M 专线

4.7.3　系统逻辑架构

系统逻辑是指在功能模块或业务流程中，如何利用现有的技术进行数据的交互工作，并最终反馈给用户。本系统采用用户层、表现层、应用层、逻辑层和存储层的设计。系统逻辑架构如图 4-17 所示。

（1）用户层。用户层是信息管理平台最重要的，一个软件的性能很大一方面是由用户主观评价的，使用方便的用户层是非常重要的。本系统采用 B/S 系统架构，用户可通过 Web 浏览器实现系统的访问。

（2）表现层。表现层是信息管理平台的功能界面，提供了河北省水权确权系统的所有

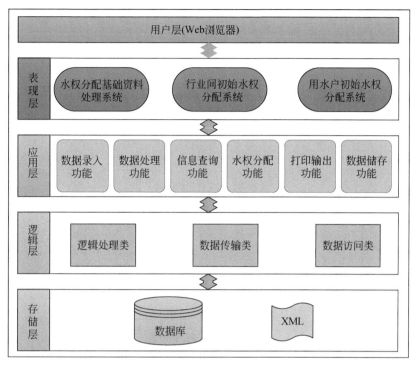

图 4-17　系统逻辑架构

业务功能，同时也能够向管理员反馈数据。主要包括水权分配基础资料处理系统、行业间初始水权分配系统、用水户初始水权分配系统。

（3）应用层。应用层是业务系统提供给管理员的应用模块，河北省水权确权系统将应用层设置为数据录入功能、数据处理功能、信息查询功能、水权配置功能、打印输出功能、数据存储功能等模块。

（4）逻辑层。逻辑层将逻辑分为三大类：逻辑处理类、数据传输类和数据访问类。逻辑层可以实现业务流程的控制、业务数据的交互，还能够在表现层中提取数据，将数据进行处理后传输给存储层。逻辑层可以完成数据的初步处理，根据不同的协议选择合适的数据格式。数据访问类可以用来对数据库进行访问和操作，完成对数据的添加、删除和修改。

（5）储存层。采用的 SQL Server 2008 数据库完成数据的存储，而配置文件的存储和关系的描述采用的 XML 来实现。

4.7.4　系统主要功能

系统主要功能包括水权分配基础资料处理、行业间初始水权分配、用水户初始水权分配三大功能。其中，水权分配基础资料处理系统可实现对社会经济、水资源、供用水、灌溉面积、生态景观面积、可分配水量等数据进行分析、修改、展示等功能；行业间初始水权分配系统可实现对生活、非农生产、生态环境、预留水量及农业等行业水权分配；用水户初始水权分配系统可实现生活以供水厂（站）、非农生产以用水企业、生态环境以管理单位、农业以用户为分配单元的水权分配。系统功能结构见图4-18。

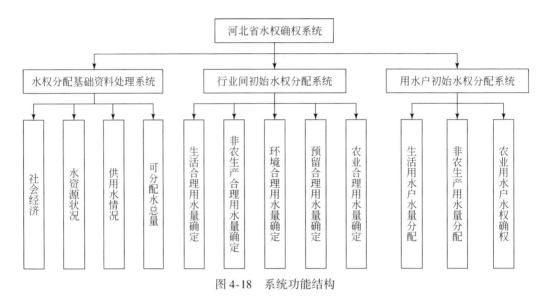

图 4-18　系统功能结构

4.7.5　系统功能展示

用户通过权限认证后进入系统登录引导界面，该界面的三个进入接口分别对应水权分配基础资料处理系统、行业间初始水权分配系统和用水户初始水权分配系统功三大功能模块，点击相应的按钮即可进入相应的功能界面进行操作。

1. 水权分配基础资料处理系统

水权分配基础资料处理系统包含社会经济、水资源状况、供用水情况、可分配水量四大功能模块，点击相应的按钮即可进入相应的功能界面进行操作。

1）社会经济

社会经济包括基本概况（年份、国土面积、下辖乡镇数量、行政村数量、耕地面积、有效灌溉面积、道路面积、绿地面积、河湖面积等）、人口情况（年份、总人口、农村人口、城镇人口、城镇化率等）、经济情况（年份、地区生产总值、第一产业、第二产业、第三产业等）等数据。结果表示方式为表格展示。可通过点击"筛选""添加"按钮查询或添加某一年份的数据。人口情况表单中，可对城镇人口、农村人口、总人口、城镇化率进行查询或添加，输入其中任意两项的数值，点击计算即可得出另外两项的数值。

2）水资源状况

水资源状况包括降水量（系列年、多年平均降水量等）、水资源量（系列年、地表水资源量、地下水资源量、地下水可开采量、水资源总量等）、水资源开发利用红线（年份、用水总量红线、其中地下水红线等）。结果表示方式为表格展示。同样可通过点击"筛选""添加"按钮查询或添加某一年份的数据。系统查询和添加功能同社会经济功能界面。

3）供用水情况

供用水情况包括供水情况（年份、地表水供水量、地下水供水量、供水量合计、地下水超采量、地下水超采率等）、用水情况（年份、农业、非农生产、生活、生态环境、合计等）、行业用水水平（农业亩均灌溉用水量、城镇生活日均用水量、农村生活日均用水量、万元工作增加值用水量等）。结果表示方式为表格展示。同样可通过点击"筛选""添加"按钮查询或添加某一年份的数据，点击"计算"可对相应用水指标进行计算。

4）可分配水量

可分配水量包括可分配水总量和核定的可分配水量两个表单。其中可分配水总量表单，可根据县域实际，添加不同水源及可利用量，全部水源添加完毕，系统可自动求得可分配水总量；核定的可分配水量表单主要功能是对可分配水总量进行核定。将可分配水总量与用水总量控制红线进行比较，一旦超过上述红线，则以红线指标为准，对相应的可分配水量进行核减，最后得到核定的可分配水总量。结果表示方式为表格展示。

2. 行业间初始水权分配系统

行业间初始水权分配系统包含生活合理用水量确定、非农生产合理用水量确定、环境合理用水量确定、预留合理水量确定、农业合理用水量确定五大功能模块，点击相应的按钮即可进入相应的功能界面进行操作。

1）生活合理用水量确定

点击生活合理用水量确定，可进入生活用水界面。点击操作按钮中的编辑，即可进入生活用水数据添加界面。输入类别、人口、近三年生活用水等数据，点击确定，添加成功，计算人均用水量、合理用水量。点击用水合理性分析按钮，进行用水合理性分析，如果用水不合理，则弹出提示：现状生活用水不合理，建议重新优化。优化成功后显示用水定额在河北省生活用水定额范围内。

2）非农生产合理用水量确定

（1）工业合理用水量确定。点击工业合理用水量确定，可进入工业用水界面。点击输入按钮，输入工业用水数据，点击确定，录入成功。点击用水合理性分析按钮，进行用水合理性分析，如果用水不合理，则弹出提示：现状工业用水不合理，建议重新优化。

（2）建筑业合理用水量确定。点击建筑业合理用水量确定，可进入建筑业用水界面。点击输入按钮，输入建筑业用水数据，点击确定，录入成功。用水合理性分析功能同工业合理用水量确定。

3）环境合理用水量确定

点击环境合理用水量确定，可进入环境用水界面。点击输入按钮，输入环境用水数据，点击确定，录入成功。点击用水合理性分析按钮，进行用水合理性分析。每个用水类别如果计算结果在用水定额范围内，则表示该类型用水合理，输出合理用水量；如果结果低于相关规划中的用水定额，则表示该类型用水亏缺，会弹出提示框："现状用水不合理，环境用水亏缺，建议亏缺部分以再生水满足"。

4）预留合理水量确定

（1）生活需水增量。点击生活需水增量，可进入生活需水增量计算界面。在灰色部分输入相应数据，点击计算按钮，计算出生活需水增量。

（2）环境需水增量。点击环境需水增量，可进入环境需水增量界面。点击用水合理性分析按钮，分析扣除已有规划常规水用量 2020 年环境需水增量，剩余需水增量与再生水可利用量进行比较，如果剩余需水增量小于再生水可利用量，则提示"该部分应以处理达标的再生水满足"；如果剩余需水增量大于再生水可利用量，不足部分采用常规水进行预留。

（3）预留水量确定。点击预留水量确定，可进入生活需水增量界面。经过生活需水增量和环境需水增量计算，可确定预留水量。

5）农业合理用水量确定

点击农业合理用水量确定，可进入农业用水界面。点击计算按钮，得出农业合理用水量。

3. 用水户初始水权分配系统

该系统界面包含生活用水户水量分配、非农生产用水户水量分配、农业用水户水权确权三大功能模块，点击相应的按钮即可进入相应的功能界面进行操作。

1）生活用水户水量分配

点击生活用水户水量分配，可进入生活水量分配界面。可采用逐项添加及批量导入两种方式输入数据。点击添加按钮，可添加生活用水数据。点击编辑按钮，可对数据进行编辑和删除。

点击导入按钮，可将录入了供水工程名称和供水人口等信息的 Excel 表格直接导入系统，点击计算按钮，可以将水量分配到每个用户。点击导出按钮，可将分配到用水户的Excel 表格导出；点击打印，可以打印出结果。

2）非农生产用水量分配

点击非农生产用水量分配，可进入非农生产水量分配界面。同样可采用逐项添加及批量导入两种方式输入数据。相关数据的编辑、水权结果的计算、导出及打印等功能同生活用水户水权分配。

3）农业用水户水权确权

点击农业用水户水权确权，可进入农业用水户水权确认界面。同样可采用逐项添加及批量导入两种方式输入数据。相关数据的编辑、水权结果的计算、导出及打印等功能同生活用水户水权分配。

| 第5章 | 河北省水权确权方法示范及推广

5.1 典型示范

本次研究以河北省作为一个研究区域，对缺水地区基于水资源承载力的倒逼式水权配置模式及确权方法进行了研究，为确保研究成果的合理性和可行性，选择成安县为典型示范区，对研究成果进行验证。

5.1.1 基本概况

1. 社会经济概况

成安县是一个农业大县，全县现状年农业用水 1.1 亿 m³，占全县用水总量的 85% 以上，地下水开采量占全县 70% 以上，是河北省节水压采项目县之一。全县总人口 44.2 万人，其中农业人口 38.6 万人，辖 4 镇 5 乡 2 个工业区 234 个行政村；耕地面积 52.6 万亩，全部为有效灌溉面积；农用机井 7096 眼，扬水站 127 处。

2. 水权改革基础

（1）计量设施安装。成安县共有 7096 眼机井需安装计量设施，2016 年完成安装 6039 套，均为 IC 卡智能计量设施，安装率为 85%。

（2）农民用水合作组织建设。已成立县级用水合作组织，并在县民政局进行了注册。234 个行政村中的 214 个依托县用水合作组织成立了村级用水户合作组织。县用水户合作组织主要负责监管各用水分会的职责落实情况、用水户水权证及水价改革奖补资金发放、水事纠纷协调等工作。

5.1.2 县域初始水权配置模式研究

根据第 4 章提出的研究方案及配置模式，对成安县初始水权进行配置。现状水平年为 2013 年，规划水平年为 2020 年。分析计算成果按照 $P=50\%$、$P=75\%$ 两个频率年给出。

1. 可供水量预测

可供水量包括两部分：常规水可供水量和非常规水可供水量。常规水可供水量包括当地地表水、过境地表水、地下水、外调水（引江水）；非常规水可供水量包括再生水、微咸水及雨水集蓄水量等。

1）常规水可供水量

（1）地表水可供水量。平水年（$P = 50\%$），2020 年地表水可供水量为 130.0 万 m^3；偏枯水年（$P = 75\%$），2020 年地表水可供水量为 108.6 万 m^3。

（2）岳城水库可供水量。根据《河北省地下水超采区综合治理试点方案（2014 年)》及《邯郸市节水型社会建设"十二五"规划》，结合 2011 ~ 2013 年成安县岳城水库实际引水量，平水年（$P = 50\%$），2020 年岳城水库引水量为 3715.0 万 m^3；偏枯水年（$P = 75\%$），岳城水库引水量为 3102.1 万 m^3。

（3）浅层地下水可供水量。根据《成安县水资源评价》，全县多年平均地下水可开采量为 4888.0 万 m^3。

（4）外调水可供水量。此次外调水可供水量只考虑南水北调工程供水。依据《河北省南水北调中线配套工程规划》《河北省南水北调受水区水资源统一调配方案研究》，2020 年分配到成安县水厂口门的引江水量为 674.0 万 m^3。

综上，平水年（$P = 50\%$），2020 年成安县常规水可供水总量为 9407.0 万 m^3；偏枯水年（$P = 75\%$），2020 年成安县常规水可供水总量为 8772.6 万 m^3。成安县常规水可供水量见表 5-1。

表 5-1 成安县常规水可供水量表   单位：万 m^3

年份	保证率	岳城水库引水	地表水	浅层地下水	外流域调水（引江水）	合计
2020	$P = 50\%$	3715.0	130.0	4888.0	674.0	9407.0
	$P = 75\%$	3102.1	108.5	4888.0	674.0	8772.6

2）常规水可配置水量

成安县常规水的可配置水量应以"三条红线"确定的地下水总量和用水总量控制指标进行双向控制，超过时应以红线指标为准，对相应的可供水量进行核减，并最终确定区域可参与配置的水量。

（1）可配置的地下水量。成安县 2020 年多年平均浅层地下水可开采量为 4888.0 万 m^3，低于"三条红线"确定的全县地下水总量控制指标 9076.0 万 m^3。故可配置的地下水量为规划水平年浅层地下水可供水量，即 4888.0 万 m^3。

（2）可配置的水资源总量。2020年全县用水总量平水年（$P=50\%$）为9407.0万 m^3，偏枯水年（$P=75\%$）为8772.6万 m^3，低于全县"三条红线"用水总量控制指标13 602万 m^3，故可配置的水资源总量为规划水平年可供水量。

成安县用水总量控制指标见表5-2；其核定结果见表5-3。

表5-2 成安县用水总量控制指标　　　　　　　　　　　单位：万 m^3

行政分区	2020年控制指标	
	用水总量	其中地下水
成安县	13 602	9 076

表5-3 成安县核定的常规水可配置水量　　　　　　　　単位：万 m^3

年份	保证率	类型	常规水可配置水量	控制红线	核定的可配置水量
2020	$P=50\%$	地下水	4 888.0	9 076	4 888.0
		地表水	4 519.0		4 519.0
		合计	9 407.0	13 602	9 407.0
	$P=75\%$	地下水	4 888.0	9 076	4 888.0
		地表水	3 884.6		3 884.6
		合计	8 772.6	13 602	8 772.6

3）非常规水可供水量

（1）再生水可利用量。经预测，2020年成安县污水排放量将达到459.9万 m^3 左右。再生水将主要用于工业、城镇河湖、绿化等用水，达到农灌用水标准的部分再生水可用于农业灌溉。按再生水利用率不低于污水处理量的50%预测，全县2020年再生水可利用量为230.0万 m^3。

（2）微咸水可利用量。根据《成安县水资源评价》微咸水资源量为720万 m^3（2～3g/L），现状用地下微咸水586万 m^3，规划2020年微咸水利用量将达到650万 m^3。

综上，成安县非常规水可利用水总量2020年为880.0万 m^3，见表5-4。

表5-4 成安县非常规水可利用水总量　　　　　　　　单位：万 m^3

年份	再生水	微咸水	合计
2020	230.0	650.0	880.0

4）可供水总量

综上，2020年，平水年（$P=50\%$）全县可供水总量为10 287.0万 m^3；偏枯水年（$P=75\%$）全县可供水总量为9652.6万 m^3（表5-5）。

表 5-5 成安县规划水平年可供水量预测 单位：万 m³

年份	保证率	可供水量							合计
		常规水				非常规水			
		地表水	浅层地下水	外流域调水（引江水）	合计	再生水	微咸水	小计	
2020	$P=50\%$	3845.0	4888.0	674.0	9407.0	230.0	650.0	880.0	10287.0
	$P=75\%$	3210.6	4888.0	674.0	8772.6	230.0	650.0	880.0	9652.6

2. 需水量预测

主要参考《河北省"十二五"城镇化发展规划》《河北省用水定额》《河北省水中长期供求规划》《成安县城市总体规划（2008—2020）》《河北水利统计年鉴》《邯郸市实行最严格水资源管理制度实施方案》《邯郸市节水型社会建设"十二五"规划》《邯郸市水资源公报》《成安县国民经济和社会发展第十三个五年规划纲要》《成安统计年鉴》《成安县水资源公报》等进行成安县现状节水水平下的需水预测。

1）生活需水量预测

生活需水量包括城镇居民生活、农村居民生活和公共生活用水，其中城镇居民生活和公共生活用水合并计算。

生活需水预测同样采用人均日用水量方法进行。根据《成安县城市总体规划（2008—2020）》《河北省"十二五"城镇化发展规划》《河北省用水定额》，充分考虑人民生活水平的不断提高，预测全县 2020 年的生活需水量。到 2020 年全县城镇人口达到 12.2 万人，城镇生活人均日用水量提高至 85.0L，城镇化率达到 50%，随着城镇化率的不断提高，农村人口将大幅减少，农村人口降至 35.3 万人，农村生活人均日用水量提高至 55.0L。

据此预测全县生活需水总量从现状的 898.7 万 m³ 提高到 2020 年的 1086.8 万 m³，其中城镇生活为 377.3 万 m³，农村生活为 709.5 万 m³。生活需水量预测见表 5-6。

表 5-6 基于现状节水水平的生活需水量预测

年份	城镇生活需水（含公共生活）			农村生活需水（不含畜牧）			总需水	
	城镇人口/万人	人均日用水量/L	需水量/万 m³	农村人口/万人	人均日用水量/L	需水量/万 m³	需水量/万 m³	人均日用水量/L
2013	5.6	79.2	163.3	38.6	52.2	735.4	898.7	55.6
2020	12.2	85.0	377.3	35.3	55.0	709.5	1086.8	62.7

2）非农生产需水量预测

非农生产包括工业和建筑业，其中工业需水量按万元工业增加值用水量指标进行预测。建筑业需水量根据近几年需水增量进行预测。

（1）工业需水量预测。根据《成安县城市总体规划（2008—2020）》《成安县国民经济和社会发展第十三个五年规划纲要》《邯郸市实行最严格水资源管理制度实施方案》，"十三五"期间工业增加值年均增长率达 11% 以上，到 2020 年全县工业增加值将达到687 375.1 万元。需水量计算方法见全省工业需水量预测公式（3-13）。

2013 年全县万元工业增加值用水量 7.67m^3，按照现状节水水平，经计算 2020 年工业需水量将达到 527.1 万 m^3。

（2）建筑业需水量预测。建筑业需水量同样按照近几年年均增速进行预测，经预测，2020 年建筑业需水量为 38.0 万 m^3。

综上，2020 年非农生产需水量为 565.1 万 m^3，见表 5-7。

表 5-7　基于现状节水水平的非农生产需水量预测

	用水年份	2013	2020
指标	工业需水量/万 m^3	439.7	527.1
	工业增加值（2010 可比价）/万元	573 386.0	687 375.1
	万元增加值用水量/m^3	7.67	7.67
	建筑业需水量/万 m^3	36.0	38.0
年均增长率 /%	时间		2016~2020 年
	工业需水量		11.0
	工业增加值		11.0
	万元增加值用水量		0.0
	建筑业需水量		2.7
非农生产需水量合计/万 m^3		475.7	565.1

3）农业需水量预测

农业需水量包括农田灌溉和林牧渔业需水，为计算方便，采取综合定额计算农业需水量。根据《河北水利统计年鉴》《邯郸市水资源公报》等，2013 年为平水年，全县农业（含农林牧渔业）用水量 10 893.4 万 m^3，有效灌溉面积 52.6 万亩，亩均用水量 207.1m^3。现状节水水平下，有效灌溉面积和亩均用水量均保持不变，据此预测，平水年（$P=50\%$），农业需水总量为 10 893.4 万 m^3；偏枯水年（$P=75\%$），农业需水总量为 12 200.7 万 m^3（表 5-8）。

表 5-8　基于现状节水水平的农业需水量预测

指标		2013	2020
农业需水量/万 m^3	$P=50\%$	10 893.4	10 893.4
	$P=75\%$	12 200.7	12 200.7

续表

指标		2013	2020
有效灌溉面积/万亩		52.6	52.6
亩均用水量/m³	$P=50\%$	207.1	207.1
	$P=75\%$	232.0	232.0

4）生态环境需水量预测

生态环境需水量预测仅考虑河道外生态环境需水量，对成安县来说，主要为城镇绿地生态环境需水量，包括城镇绿地灌溉、河湖补水和环境卫生三部分。2013 年生态环境用水量为 19.8 万 m³。根据《成安县城市总体规划（2008—2020）》规划 2020 年的绿地面积和河湖补水面积，《河北省用水定额》及《室外给水设计规范》中的对应用水定，计算 2020 年全县生态环境需水量为 120.0 万 m³（表 5-9）。

表 5-9 生态环境需水量预测

用水类别	2013 年	2020 年
绿地用水	5.3	44.7
河湖补水	14.5	75.3
合计	19.8	120.0

5）需水总量预测

经预测，现状节水水平下，平水年（$P=50\%$），2020 年需水总量为 12 665.3 万 m³；偏枯水年（$P=75\%$），2020 年需水总量为 13 972.6 万 m³（表 5-10）。

表 5-10 基于现状节水水平的需水总量预测　　　　　　　　　　单位：万 m³

年份	农业（含林牧渔业）		非农生产			生活			生态环境	合计	
	$P=50\%$	$P=75\%$	工业	建筑业	小计	城镇	农村	小计		$P=50\%$	$P=75\%$
2013	10 893.4	12 200.7	439.7	36.0	475.7	163.3	735.4	898.7	19.8	12 287.6	13 594.9
2020	10 893.4	12 200.7	527.1	38.0	565.1	377.3	709.5	1086.8	120.0	12 665.3	13 972.6

3. 节水潜力分析

本次考虑常规节水和高效节水两种节水水平分别分行业计算节水潜力。常规节水水平、高效节水水平预测口径同河北省节水潜力计算。

1）生活节水潜力分析

将节水器具普及率提高后产生的节水量和供水管网改造减少的漏损水量之和作为生活节水潜力。各项节水指标参考《邯郸市节水型社会建设"十二五"规划》《邯郸市最严格水资源管理制度实施方案》及省内外先进水平确定。节水潜力分析仅考虑城镇生活节水。

常规节水水平，根据《邯郸市最严格水资源管理制度实施方案》2020 年管网漏损率降至 15.0%，根据《邯郸市节水型社会建设"十二五"规划》节水器具普及率提高到 78%。

高效节水水平，按照《城市供水管网漏损控制及评定标准》（CJJ92—2002），城市供水企业管网基本漏损率不应大于 12% 确定，2020 年进一步降低至 10% 计算，节水器具普及率比常规节水方案进一步提高至 88%。

按照河北省生活节水潜力计算公式（3-8），常规节水水平下可实现节水 6.3 万 m³；高效节水水平下可实现节水 15.5 万 m³（表 5-11）。

表 5-11　生活节水潜力计算结果

节水水平	时间	水平年	城镇人口 /万人	用水定额 /[L/（人·d）]	管网漏损率/%	节水器具普及率/%	用水量 /万 m³	节水潜力 /万 m³
常规节水水平	2014～2015 年	2013 年	5.6	79.2	17.9	64.0	163.3	2.1
		2015 年	6.6	81.0	16.8	71.0	196.3	
	2016～2020 年	2015 年	6.6	81.0	16.8	71.0	196.3	4.2
		2020 年	12.2	85.0	15.0	78.0	377.3	
	2014～2020 年							6.3
高效节水水平	2014～2015 年	2013 年	5.6	79.2	17.9	64.0	163.3	10.9
		2015 年	6.6	85	12.0	76.0	206.0	
	2016～2020 年	2015 年	6.6	85	12.0	76.0	206.0	4.6
		2020 年	12.2	125	10.0	88.0	554.8	
	2014～2020 年							15.5

2）非农生产节水潜力分析

非农生产节水潜力重点分析工业节水潜力，主要包括产业结构调整、工艺技术改造与升级、供水管网改造、污水回用等措施的节水潜力。各项节水指标主要参考《邯郸市最严格水资源管理制度实施方案》《成安县国民经济和社会发展第十三个五年规划纲要》《成安县城市总体规划（2008—2020）》及省内外先进水平等确定。

常规节水方案，万元工业增加值用水量 2020 年下降至 7.0m³。

高效节水方案，考虑产业结构调整、落后产能淘汰、清洁生产等政策，结合全国先进水平及《邯郸市最严格水资源管理制度实施方案》，预测 2020 年全县的万元工业增加值用水量将分别降至 6.8m³。

按照河北省工业节水潜力计算公式（3-9），常规节水方案下，可实现节水 43.4 万 m³；高效节水方案下可实现节水 56.5 万 m³（表 5-12）。

表 5-12　工业节水潜力计算结果

节水水平	时间	水平年	工业增加值 （2018 年可比价）/万元	万元增加值用水量 /m³	工业节水潜力 /万 m³
	2013 年		573 386.0	7.7	—
常规 节水 水平	2014～2015 年	2013 年	573 386.0	7.7	22.8
		2015 年	619 256.9	7.3	
	2016～2020 年	2015 年	619 256.9	7.3	20.6
		2020 年	687 375.1	7.0	
					43.4
高效 节水 水平	2014～2015 年	2013 年	573 386.0	7.7	29.0
		2015 年	619 256.9	7.2	
	2016～2020 年	2015 年	619 256.9	7.2	27.5
		2020 年	687 375.1	6.8	
	小计				56.5

3）农业节水潜力分析

农业节水潜力包括种植结构调整、节水工程、农艺节水等措施的节水潜力。

常规节水水平，仅考虑按照规划要求在节水灌溉工程增加的条件下的农业需水量，参照《邯郸市最严格水资源管理制度实施方案》，到 2020 年农田灌溉水有效利用系数从现状年的 0.65 提升到 0.70。经预测，常规节水条件下，平水年（$P=50\%$），2020 年亩均农业净需水量将达到 115.5m³；偏枯水年（$P=75\%$），2020 年亩均农业需水量将达到 129.5m³。

高效节水水平，在常规节水基础上重点考虑农艺节水、种植结构调整及水权制度改革的激励作用等。经预测，高效节水条件下，平水年（$P=50\%$），2020 年亩均农业净需水量将达到 101.5m³；偏枯水年（$P=75\%$），2020 年亩均农业净需水量将达到 113.4m³。

按照式（3-10），计算出河北省农业节水潜力，常规节水水平下 2014～2015 年可实现节水量：平水年（$P=50\%$）为 636.5 万 m³，偏枯水年（$P=75\%$）为 733.9 万 m³；2016～2020 年可实现节水量：平水年（$P=50\%$）为 1578.0 万 m³，偏枯水年（$P=75\%$）为 1735.8 万 m³。高效节水水平下 2014～2015 年可实现节水量：平水年（$P=50\%$）为 952.1 万 m³，偏枯水年（$P=75\%$）为 1049.5 万 m³；2016～2020 年可实现节水量：平水年（$P=50\%$）为 2314.4 万 m³，偏枯水年（$P=75\%$）为 2630.0 万 m³。计算结果见表 5-13。

表 5-13   农业节水潜力计算结果

节水水平	时间	情景	有效灌溉面积/万亩	灌溉水利用系数	用水净定额/(m³/亩)	节水潜力/万m³	用水定额/(m³/亩)	节水潜力/万m³
					保证率 P=50%		保证率 P=75%	
现状	2013 年		52.6	0.65	134.6	—	150.8	—
常规节水水平	2014～2015 年	2013 年	52.6	0.65	134.6	636.5	150.8	733.9
		2015 年	52.6	0.68	132.6		148.2	
	2016～2020 年	2015 年	52.6	0.68	132.6	1578.0	148.2	1735.8
		2020 年	52.6	0.70	115.5		129.5	
	2014～2020 年					2214.5		2469.7
高效节水水平	2014～2015 年	2013 年	52.6	0.65	134.6	952.1	150.8	1049.5
		2015 年	52.6	0.68	128.5		144.2	
	2016～2020 年	2015 年	52.6	0.68	128.5	2314.4	144.2	2630.0
		2020 年	52.6	0.70	101.5		113.4	
	2014～2020 年					3266.5		3679.5

4）综合节水潜力分析

经计算，常规节水水平，2014～2015 年，平水年（$P=50\%$）全县综合节水潜力为661.4 万 m³，偏枯水年（$P=75\%$）为 758.8 万 m³；2016～2020 年，平水年（$P=50\%$）全县综合节水潜力为 1602.8 万 m³，偏枯水年（$P=75\%$）为 1760.6 万 m³。高效节水水平，2014～2015 年，平水年（$P=50\%$）全县综合节水潜力为 992.0 万 m³，偏枯水年（$P=75\%$）为 1089.4 万 m³；2016～2020 年，平水年（$P=50\%$）全县综合节水潜力为2346.5 万 m³，偏枯水年（$P=75\%$）为 2662.1 万 m³。计算结果见表 5-14。

表 5-14   综合节水潜力计算结果

节水水平	时间	合计		工业	农业		生活
		$P=50\%$	$P=75\%$		$P=50\%$	$P=75\%$	
常规节水水平	2014～2015 年	661.4	758.8	22.8	636.5	733.9	2.1
	2016～2020 年	1602.8	1760.6	20.6	1578.0	1735.8	4.2
	2014～2020 年	2264.2	2519.4	43.4	2214.5	2469.7	6.3
高效节水水平	2014～2015 年	992.0	1089.4	29.0	952.1	1049.5	10.9
	2016～2020 年	2346.5	2662.1	27.5	2314.4	2630.0	4.6
	2014～2020 年	3338.5	3751.5	56.5	3266.5	3679.5	15.5

4. 水资源短缺状况分析

在可供水量及需水量预测、节水潜力分析的基础上，通过水资源供需平衡分析评估提升地表水供水能力、推进非常规水源开发利用、全面挖掘节水潜力等措施对成安县水资源压力起缓解作用。

1）一次供需平衡分析

仅考虑常规水可供水量，平水年（$P=50\%$），2020 年缺水量为 3258.2 万 m^3，缺水率为 25.7%；偏枯水年（$P=75\%$），2020 年缺水量为 5200.0 万 m^3，缺水率为 37.2%。若充分利用非常规水，平水年（$P=50\%$），2020 年缺水量为 2378.3 万 m^3，缺水率为 18.8%；偏枯水年（$P=75\%$），2020 年缺水量为 4320.0 万 m^3，缺水率为 30.9%（表 5-15）。

经供需分析得出，若不提高节水水平，常规水远不能满足社会经济的发展要求，即使充分利用非常规水资源，全县水资源量依然不能满足现状节水水平下的需水量，无法支撑经济社会的可持续发展。

供需平衡分析结果见表 5-15 和图 5-1。

表 5-15　不同规划水平年一次供需平衡分析

年份	保证率	可供水量/万 m^3		需水量/万 m^3	缺水量/万 m^3		缺水率/%	
		常规水	常规水+非常规水		常规水	常规水+非常规水	常规水	常规水+非常规水
2020	$P=50\%$	9 407.0	10 287.0	12 665.3	3 258.2	2 378.3	25.7	18.8
	$P=75\%$	8 772.6	9 652.6	13 972.6	5 200.0	4 320.0	37.2	30.9

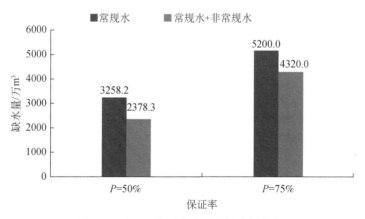

图 5-1　基于现状用水水平的缺水量分析

2）二次供需平衡分析

二次供需平衡分析是基于常规节水水平进行的规划水平年水资源供需平衡分析。

结果表明，在常规节水水平下：仅考虑常规水可供水量，平水年（$P=50\%$），2020年缺水量为994.1万 m^3，缺水率为7.8%；偏枯水年（$P=75\%$），2020年缺水量为2680.6万 m^3，缺水率为19.2%。若充分利用非常规水，平水年（$P=50\%$），2020年缺水量为114.1万 m^3，缺水率为0.9%；偏枯水年（$P=75\%$），2020年缺水量为1800.6万 m^3，缺水率为12.9%（表5-16、图5-2）。

表5-16　不同规划水平年常规节水方案水资源供需分析

年份	保证率	可供水量/万 m^3		需水量/万 m^3	年节水潜力/万 m^3	方案实施后缺水量/万 m^3		缺水率/%	
		常规水	常规水+非常规水			常规水	常规水+非常规水	常规水	常规水+非常规水
2020	$P=50\%$	9 407.0	10 287.0	12 665.3	2 264.2	994.1	114.1	7.8	0.9
	$P=75\%$	8 772.6	9 652.6	13 972.6	2 519.4	2 680.6	1 800.6	19.2	12.9

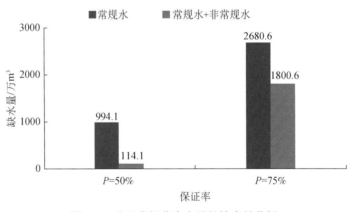

图5-2　基于常规节水水平的缺水量分析

将两次供需平衡分析结果进行对比可知：

当供水量仅考虑常规水时，实施常规节水措施后，平水年（$P=50\%$），2020年全县缺水量从3258.2万 m^3降低到994.1万 m^3，缺水率从25.7%降低到7.8%；偏枯水年（$P=75\%$），2020年缺水量从5200.0万 m^3降低到2680.6万 m^3，缺水率从37.2%降低到19.2%。

当供水量同时考虑非常规水利用时，实施常规节水措施后，平水年（$P=50\%$），2020年全县缺水量从2378.3万 m^3到降低到114.1万 m^3，缺水率从18.8%降低到

0.9%；偏枯水年（$P=75\%$），2020 年缺水量从 4320.0 万 m^3 降低到 1800.6 万 m^3，缺水率从 30.9% 降低到 12.9%。

经供需分析得出，在充分考虑开源措施的前提下，若挖掘各业节水潜力，综合实施工程、技术、管理等节水措施，仅利用常规水依然不能满足经济社会的发展要求，考虑非常规水利用 2020 年平水年份基本可满足社会经济用水，但遇到枯水年份，供水缺口依然较大。由此可见，常规节水依然不足支撑经济社会的可持续发展，还需深度挖掘节水潜力。

两次供需平衡缺水量、缺水率对比分析结果见图 5-3、图 5-4。

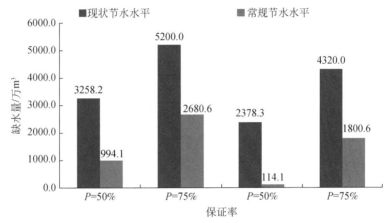

图 5-3 两次供需平衡缺水量对比分析

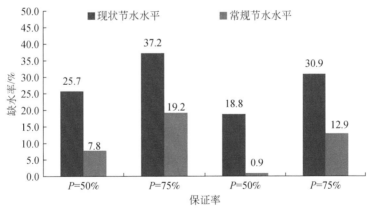

图 5-4 两次供需平衡缺水率对比分析

3）三次供需平衡分析

三次供需平衡分析是基于高效节水的水资源供需平衡分析。

结果表明，在高效节水水平下：仅考虑常规水可供水量，平水年（$P=50\%$），2020 年不缺水；偏枯水年（$P=75\%$），2020 年为 1448.5 万 m^3，缺水率为 10.4%。若充分利用非常规水，平水年（$P=50\%$），2020 年不缺水；偏枯水年（$P=75\%$），2020 年缺水量为 568.5 万 m^3，缺水率为 4.1%（表 5-17、图 5-5）。

表 5-17　不同规划水平年高效节水方案供需平衡分析

年份	保证率	可供水量/万 m^3		需水量 /万 m^3	年节水 潜力 /万 m^3	方案实施后缺水量 /万 m^3		缺水率/%	
		常规水	常规水+ 非常规水			常规水	常规水+ 非常规水	常规水	常规水+ 非常规水
2020	$P=50\%$	9 407.0	10 287.0	12 665.3	3 338.5	−80.2	−960.2	−0.6	−7.6
	$P=75\%$	8 772.6	9 652.6	13 972.6	3 751.5	1 448.5	568.5	10.4	4.1

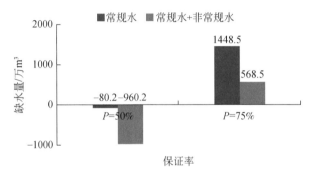

图 5-5　基于高效节水水平的缺水量分析

将现状节水水平、常规节水水平、高效节水水平三种节水水平下的供需平衡分析结果进行对比可知：在充分挖掘各业节水潜力和充分利用水资源条件下，实施高效节水方案，不同年份不同水平年缺水量和缺水率进一步降低，从远期来看水资源可以支撑经济社会的可持续发展。

三次供需平衡缺水量、缺水率对比分析结果见图 5-6、图 5-7。

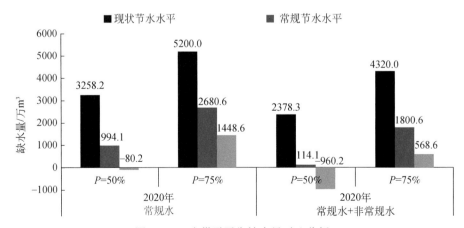

图 5-6　三次供需平衡缺水量对比分析

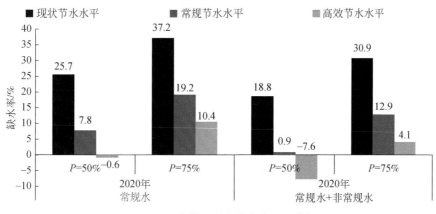

图 5-7 三次供需平衡缺水率对比分析

5. 初始水权配置

在可供水量和需水量预测、节水潜力分析的基础上，采用第 4 章构建的基于水资源承载力的倒逼式水权配置模式对成安县的初始水权进行配置。水权配置结果按照不同年份、不同频率年、不同节水水平分别分析。

1）2020 年优化配置结果（$P=50\%$）

基于 2020 年供水条件及挖掘节水潜力的前提下，经优化配置后，常规水资源配置到了各行业，常规节水、常规水和非常规水均得到充分利用，全县生活、非农生产、生态环境需水均得到满足，仅农业缺水 114.1 万 m^3、缺水率 1.0%，全县缺水 114.1 万 m^3、缺水率 0.9%。可见，基于 2020 年预测的供水条件及常规节水水平下，无法实现区域水资源供需平衡，需进一步加强节水力度。在此基础上，基于 2020 年供水条件及高强度挖掘节水潜力的前提下，经优化配置后，常规节水、常规水、非常规水及部分高效节水均得到充分利用，全县各业需水均得到满足。

配置结果见表 5-18、表 5-19、图 5-8。

2）2020 年优化配置结果（$P=75\%$）

基于 2020 年供水条件及高效挖掘节水潜力的前提下，经优化配置后，常规水资源配置到了各行业，常规节水、常规水和非常规水均得到充分利用，全县生活、非农生产、生态环境需水均得到满足，仅农业缺水 568.5 万 m^3、缺水率 4.7%，全县缺水 568.5 万 m^3、缺水率 4.1%。可见，基于 2020 年预测的供水条件及高效节水水平下，无法实现区域水资源供需平衡，需进一步加强节水力度或加大投资力度引入外调水。提高供水保证率，缓解供需矛盾。

配置结果见表 5-20、表 5-21、图 5-9。

表 5-18　2020年常规节水方案水权配置结果（P=50%）

配置对象		需水量/万 m³	配置结果/万 m³								节水量	合计	其中需确权水资源量	缺水量/万 m³	缺水率/%
			常规水				非常规水								
			引江水	当地地表水	地下水	小计	再生水	微咸水	小计						
生活	城镇	377.3	371.0			371.0			0.0	6.3	377.3	371.0	0	0
	农村	709.5			709.5	709.5			0.0	0	709.5	709.5	0	0
生态环境		120.0		19.8		19.8	100.2		100.2	0	120.0	19.8	0	0
非农生产		565.1	303.0	158.9		461.9	59.8		59.8	43.4	565.1	461.9	0	0
农业		10 893.4	0.0	3 666.3	4 178.5	7 844.8	70.0	650.0	720.0	2 214.5	10 779.3	7 844.8	114.1	1.0
合计		12 665.3	674.0	3 845.0	4 888.0	9 407.0	230.0	650.0	880.0	2 264.2	12 551.2	9 407.0	114.1	0.9

表 5-19　2020年高效节水方案水权配置结果（P=50%）

配置对象		需水量/万 m³	配置结果/万 m³								节水量	合计	其中需确权水资源量	缺水量/万 m³	缺水率/%
			常规水				非常规水								
			引江水	当地地表水	地下水	小计	再生水	微咸水	小计						
生活	城镇	377.3	371.0			371.0			0.0	6.3	377.3	371.0	0	0
	农村	709.5			709.5	709.5			0.0	0	709.5	709.5	0	0
生态环境		120.0		19.8		19.8	100.2		100.2	0	120.0	19.8	0	0
非农生产		565.1	303.0	158.9		461.9	59.8		59.8	43.4	565.1	461.9	0	0
农业		10 893.4	0.0	3 666.3	4 178.5	7 844.8	70.0	650.0	720.0	2 328.6	10 893.4	7 844.8	0	0
合计		12 665.3	674.0	3 845.0	4 888.0	9 407.0	230.0	650.0	880.0	2 378.3	12 665.3	9 407.0	0	0

表 5-20 2020 年常规节水方案水权配置结果（P=75%）

单位：万 m³

配置对象		需水量	配置结果							节水量	合计	其中需确权水资源量	缺水量	缺水率 /%
			常规水				非常规水							
			引江水	当地地表水	地下水	小计	再生水	微咸水	小计					
生活	城镇	377.3	371.0			371.0			0.0	6.3	377.3	371.0	0	0
	农村	709.5			709.5	709.5			0.0	0	709.5	709.5	0	0
生态环境		120.0		19.8		19.8	100.2		100.2	0	120.0	19.8	0	0
非农生产		565.1	303.0	158.9		461.9	59.8		59.8	43.4	565.1	461.9	0	0
农业		12 200.7	0.0	3 031.9	4 178.5	7 210.4	70.0	650.0	720.0	2 469.7	10 400.1	7 210.4	1 800.6	14.8
合计		13 972.6	674.0	3 210.6	4 888.0	8 772.6	230.0	650.0	880.0	2 519.4	12 172.0	8 772.6	1 800.6	12.9

表 5-21 2020 年高效节水方案水权配置结果（P=75%）

单位：万 m³

配置对象		需水量	配置结果							节水量	合计	其中需确权水资源量	缺水量	缺水率 /%
			常规水				非常规水							
			引江水	当地地表水	地下水	小计	再生水	微咸水	小计					
生活	城镇	377.3	361.8			361.8			0.0	15.5	377.3	361.8	0	0
	农村	709.5			709.5	709.5			0.0	0	709.5	709.5	0	0
生态环境		120.0		19.8		19.8	100.2		100.2	0	120.0	19.8	0	0
非农生产		565.1	312.2	136.6		448.8	59.8		59.8	56.5	565.1	448.8	0	0
农业		12 200.7	0.0	3 054.2	4 178.5	7 232.7	70.0	650.0	720.0	3 679.5	11 632.2	7 232.7	568.5	4.7
合计		13 972.6	674.0	3210.6	4 888.0	8 772.6	230.0	650.0	880.0	3751.5	13 404.1	8 772.6	568.5	4.1

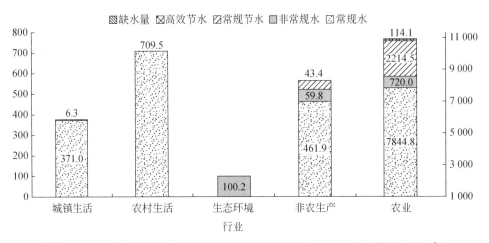

图 5-8　2020 年高效节水方案水权配置结果示意图（$P=50\%$）（单位：万 m³）

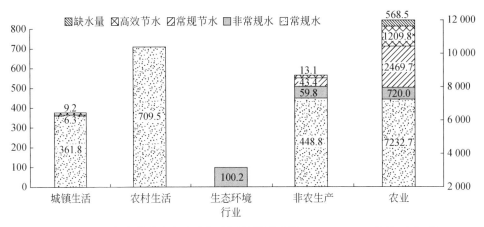

图 5-9　2020 年高效节水方案水权配置结果示意图（$P=75\%$）（单位：万 m³）

5.1.3　水权配置结果合理性评价

1. 与水资源承载力相适应

通过对地表水配置率、地下水配置率、用水总量控制率和地下水用量控制率的分析可知（表 5-22），2020 年地表水配置率、地下水配置率均未超过 100%，水权配置严守了水资源承载力"硬约束"，践行了"以水定城"发展战略；2020 年常规水水资源配置总量和地下水配置量，均小于控制红线指标，用水总量控制率及地下水用量控制率均大于 100%，水权配置严格落实了最严格水资源管理制度，严守了"三条红线""硬约束"。综上，水权配置结果符合水资源承载力及最严格水资源管理的要求，将倒逼公众实现经济社会发展与水资源承载能力相协调，因此水权配置结果与成安县的水资源承载力相适应。

表 5-22　成安县水资源承载力指标

年份	保证率	地表水可供量/万 m³	地表水配置量/万 m³	地下水配置率/%	地下水可供量/万 m³	地下水配置量/万 m³	地下水配置率/%
2020 年	P=50%	4519.0	4519.0	100.0	4888.0	4888.0	100.0
	P=75%	3884.6	3884.6	100.0		4888.0	100.0

年份	保证率	用水总量控制红线/万 m³	常规水资源配置量/万 m³	用水总量控制率/%	地下水控制红线/万 m³	地下水用量控制率/%
2020 年	P=50%	13602	9407.0	69.2	9076.0	53.9
	P=75%		8772.6	64.5		53.9

2. 对公众节水具有激励性

分析表 5-23 可知，为达到区域的水资源供需平衡，本次水权配置分配给各行业的节水量（任务）达总需水量的 18%~27%，其中分配给农业的节水量（任务）占农业需水量的 20%~30%，分配给各行业的非常规水利用量（任务）达到总供水量的 6%~7%。通过这种潜在的"强制性"分配节水、非常规水利用任务来倒逼各部门提高节水水平、加大非常规水利用量。总之，通过倒逼式水权配置，不仅能够满足各部门各行业的需水要求，还能激励公众节水，实现水资源高效利用，是一种高效的配水模式，是符合成安县实际情况的水权配置方法。

表 5-23　节水激励性指标分析

年份	保证率	节水水平	节水总量/万 m³	需（供）水总量/万 m³	节水率/%	农业节水量/万 m³	农业需水量/万 m³	农业节水率/%	非常规水配置量/万 m³	非常规水供水量占总供水量的比例/%
2013			—	12 287.6		—		—	586.0	4.8
2020	P=50%	常规节水	2 264.2	12 665.3	17.9	2 214.5	10 893.4	20.3	880.0	6.9
		高效节水	2 378.3		18.8	2 328.6		21.4		6.9

续表

年份	保证率	节水水平	节水总量/万 m³	需（供）水总量/万 m³	节水率/%	农业节水量/万 m³	农业需水量/万 m³	农业节水率/%	非常规水配置量/万 m³	非常规水供水量占总供水量的比例/%
2020	P=75%	常规节水	2 519.4	13 972.6	18.0	2 469.7	12 200.5	20.2	880.0	6.3
		高效节水	3 751.5		26.8	3 679.5		30.2		6.3

3. 可有效保障用水安全

1）生活用水安全分析

根据水权配置结果，在考虑适当节水的情况下，生活需水可以得到100%满足，缺水率为0。同时在需水的预测过程中充分考虑了因居民生活水平提高而对水需求量的增加，2020年城镇生活人均日用水量、农村生活人均日用水量分别按年均1.2%、0.9%的增长率增长，高于2010~2013年城镇生活人均日用水量、农村生活人均日用水量0.9%和0.8%的年均增长率，由此可见水权配置能够保障生活用水安全。生活用水安全分析见图5-10。

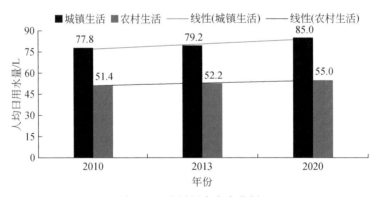

图5-10　生活用水安全分析

2）非农生产用水安全分析

根据水权配置结果，在适当考虑开源节流的情况下，非农生产需水可以得到100%满足，缺水率为0。同时在非农生产需水预测过程中充分考虑了国民经济发展纲要中确定的经济增长目标（其中，"十二五"期间按年均增长8%以上考虑、"十三五"期间按年均增长 11% 以上考虑）。配置节水任务时仅考虑了节水潜力较大的工业。

经计算 2020 年高效节水条件下万元工业增加值用水量需下降至 6.8 m³，已达到国内先进水平，比 2013 年年均下降 1.7%，远低于 2010～2013 年年均 9.4% 的下降率，既定目标完成可以实现。同时既定目标在已达到国内先进水平的情况，比 2010 年年均下降 4.3%，仅略低于《邯郸市最严格水资源管理制度实施方案》确定的 2010～2015 年期间年均下降 5.2% 的目标。由此可见，水权配置结果能够满足非农生产用水安全、同时符合最严格水资源管理制度对工业节水的相关要求。

3）生态用水安全分析

根据水权配置结果，在结合再生水配套工程建设、适当考虑开源的情况下，生态环境需水可以得到 100% 满足，缺水率为 0。同时依据相关规范采用定额法进行的需水量预测，预测过程中结合城市总体规划充分考虑了河湖生态、市政绿化等面积的增长，由此可见水权配置能够满足基本生态环境用水安全。

4）农业用水安全分析

水权配置中，在充分考虑开源节流的情况下，成安县农业需水量可以得到基本满足，缺水率为 0～5%。高效节水方案（$P=50%$），配置给农业的水量为 10 893.4 万 m³（常规水为 7844.8 万 m³），大于测算的粮食安全用水量 6708.2 万 m³，与农业需水量持平，能够保障粮食安全用水量及农业用水安全；高效节水方案（$P=75%$），配置给农业水量为 11 632.2 万 m³（常规水为 7232.7 万 m³，常规水+非常规水为 7952.7 万 m³），大于测算的粮食安全用水量 7513.1 万 m³，能够保障粮食安全用水量。仅比农业需水量少 568.5 万 m³，供水保证率达 95.3%，远高于相关规范要求（表 5-24）。所以，水权配置结果能够保障粮食用水安全及农业用水安全。

表 5-24 成安县 2020 年用水安全保障程度分析

保证率	节水水平	配置对象		需水量/万 m³	配置水量/万 m³				缺水量/万 m³	缺水率/%
					常规水	非常规水	节水量	小计		
$P=50%$	高效节水（常规节水）	生活	城镇	377.3	371.0	0	6.3	377.3	0	0
			农村	709.5	709.5	0	0	709.5	0	0
		生态环境		120.0	19.8	100.2	0	120.0	0	0
		非农生产		565.1	461.9	59.8	43.4	565.1	0	0
		农业		10 893.4	7 844.8	720.0	2 328.6	10 893.4	0	0
		合计		12 665.3	9 407.0	880.0	2 378.3	12 665.3	0	0

保证率	节水水平	配置对象		需水量 /万 m³	配置水量/万 m³				缺水量 /万 m³	缺水率 /%
					常规水	非常规水	节水量	小计		
$P=75\%$	高效 节水	生活	城镇	377.3	361.8	0	15.5	377.3	0	0
			农村	709.5	709.5	0	0	709.5	0	0
		生态环境		120.0	19.8	100.2	0	120.0	0	0
		非农生产		565.1	448.8	59.8	56.5	565.1	0	0
		农业		12 200.7	7 232.7	720.0	3 679.5	11 632.2	568.5	4.7
		合计		13 972.6	8 772.6	880.0	3 751.5	13 404.1	568.5	4.1

5.1.4　倒逼式水权配置模式验证

本次配置结果与区域水资源承载能力有很好的相符性、对公众节水有很好的激励作用，同时可有效保障生活、生产、生态用水安全，可作为开展水权配置的技术依据。本次以 2020 年配置结果为例进行分析，验证提出的简易配置模式。

对比发现，2020 年水资源优化配置结果中的常规水资源配置量，即需确权的水资源，仅比 2013 年实际需水量小 10.1% ~20.5%。其中非农生产与生态环境常规水资源配置量与 2013 年实际需水量基本持平（非农生产比 2013 年实际需水量小 2.9% ~5.6%、生态环境与 2013 年实际需水量持平），生活常规水资源配置量比 2013 年实际需水量大 19.2% ~20.2%（其中农村生活比 2013 年实际需水量小 3.5%，城镇生活比 2013 年实际需水量大 121.6% ~127.2%），农业常规水资源配置量比 2013 年实际需水量小 13.0% ~24.7%。配置结果充分遵循了配置原则，同时符合水安全纲要提出的"生活用水微增长、工业用水零增长、农业用水负增长"（表 5-25、表 5-26、图 5-11 ~图 5-14）。

所以，成安县的第二层级行业间倒逼式水权配置模式，也可以简化为：非农生产、生态环境及生活用水权为现状合理用水量，同时预留生活需水量增量作为预留量，非农生产需水增量通过节水和利用非常规水来解决，生态环境需水增量通过利用非常规水来解决，农业用水权为区域可利用水量（符合最严格水资源管理制度要求）扣除非农生产、生态环境及生活用水权和预留水量后剩余水量。可见，本研究提炼的缺水地区水权确权方法对河北省县域的初始水权确权是适用的、可行的。

表 5-25　2020 年成安县水资源优化配置结果分析（$P=50\%$）

项目		农业（含林牧渔）	非农生产			生活			生态环境	总计
			工业	建筑业	小计	城镇	农村	小计		
2013 年需水量/万 m³		9 506.0	439.7	36.0	475.7	163.3	735.4	898.7	19.8	10 900.2
2020 年需水量/万 m³		10 893.4	527.1	38.0	565.1	377.3	709.5	1 086.8	120.0	12 665.3
2020 年常规节水方案配置结果	节水量/万 m³	2 214.5	43.4	2.0	43.4	6.3	0.0	6.3	0.0	2 264.2
	非常规水资源量/万 m³	720.0	57.8	2.0	59.8	0.0	0.0	0.0	100.2	880.0
	常规水资源量/万 m³	7 958.9	425.9	36.0	461.9	371.0	709.5	1 080.5	19.8	9 521.1
	常规水资源量配置量比 2013 年需水量增加/%	−16.3	−3.1	0.0	−2.9	127.2	−3.5	20.2	0.0	−12.7
2020 年高效节水方案配置结果	节水量/万 m³	2 328.6	43.4	0.0	43.4	6.3	0.0	6.3	0.0	2 378.3
	非常规水资源量/万 m³	720.0	57.8	2.0	59.8	0.0	0.0	0.0	100.2	880.0
	常规水资源量/万 m³	7 844.8	425.9	36.0	461.9	371.0	709.5	1 080.4	19.8	9 407.0
	常规水资源量配置量比 2013 年需水量增加/%	−17.5	−3.1	0.0	−2.9	127.2	−3.5	20.2	0.0	−13.7

表 5-26　2020 年成安县水资源优化配置结果分析（$P=75\%$）

项目		农业（含林牧渔）	非农生产			生活			生态环境	总计
			工业	建筑业	小计	城镇	农村	小计		
2013 年需水量/万 m³		10 361.5	439.7	36.0	475.7	163.3	735.4	898.7	19.8	11 755.7
2020 年需水量/万 m³		12 200.7	527.1	38.0	565.1	377.3	709.5	1 086.8	120.0	13 972.6
2020 年常规节水方案配置结果	节水量/万 m³	2 469.7	43.4	0.0	43.4	6.3	0.0	6.3	0.0	2519.4
	非常规水资源量/万 m³	720.0	57.8	2.0	59.8	0.0	0.0	0.0	100.2	880.0
	常规水资源量/万 m³	9 011.0	425.9	36.0	461.9	371.0	709.5	1 080.5	19.8	10 573.2
	常规水资源配置量比 2013 年需水量增加/%	−13.0	−3.1	0.0	−2.9	127.2	−3.5	20.2	0.0	−10.1
2020 年高效节水方案配置结果	节水量/万 m³	3 679.5	56.5	0.0	56.5	15.5	0.0	15.5	0.0	3 751.5
	非常规水资源量/万 m³	720.0	57.8	2.0	59.8	0.0	0.0	0.0	100.2	880.0
	常规水资源量/万 m³	7 801.2	412.8	36.0	448.8	361.8	709.5	1 071.3	19.8	9 341.1
	常规水资源配置量比 2013 年需水量增加/%	−24.7	−6.1	0.0	−5.6	121.6	−3.5	19.2	0.0	−20.5

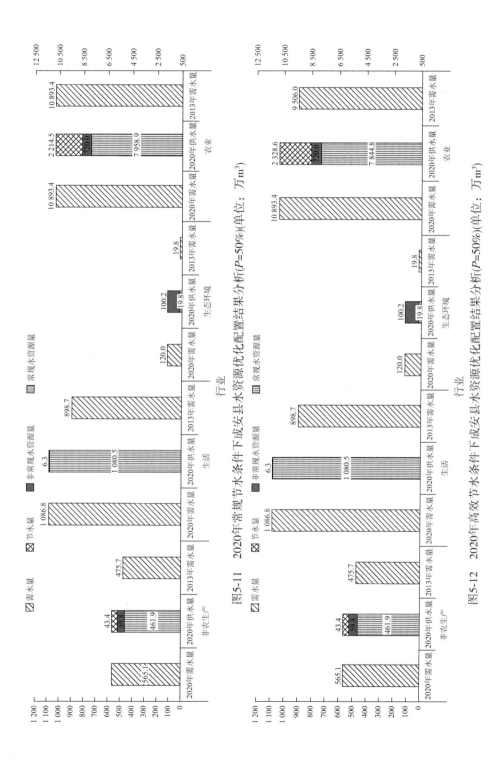

图5-11 2020年常规节水条件下成安县水资源优化配置结果分析(P=50%)(单位：万m³)

图5-12 2020年高效节水条件下成安县水资源优化配置结果分析(P=50%)(单位：万m³)

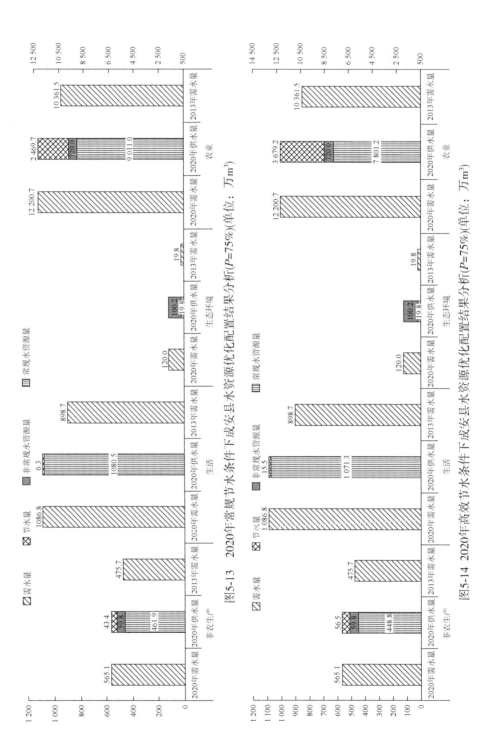

图5-13 2020年常规节水条件下成安县水资源优化配置结果分析(P=75%)(单位：万m³)

图5-14 2020年高效节水条件下成安县水资源优化配置结果分析(P=75%)(单位：万m³)

5.1.5 县域初始水权确权示范

1. 确权对象

在确定可分配水总量的基础上,先将总水量分配到由实际用水户构成的最小分配单元,再结合技术和工程因素,考虑管理的可操作性,由最小分配单元分配到用水户。将纳入城市供水管网的城镇生活、工业企业、企事业单位及农村生活用水户作为初始水权的确权单元,即成安县供水公司。将农业水权首先分配各级用水户合作组织,由用水合作组织按耕地面积确权到各用水户,做到水随地走,分水到户(图5-15)。

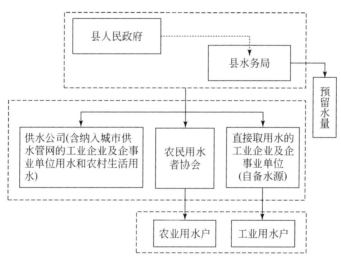

图 5-15 成安县初始水权确权对象

2. 确权思路

全面分析成安县现状社会经济情况、水资源管理以及水资源开发利用存在的主要问题等,根据现状各行业的用水情况和用水特点,对供水水源进行合理配置。在此基础上,分不同水源计算全县可分配水量;并以"三条红线"确定的地下水总量和用水总量控制指标双向控制,确定全县可分配水总量。考虑现状用水实际及有关标准,确定合理的生活、非农生产、生态环境用水量和预留水量。农业可分配水量为全县确权的可分配水量扣除合理的生活、非农生产、生态环境用水量和预留水量后的剩余水量;生活用水确权到供水厂(站),非农生产用水确权到企业或相应的管理单位,生态环境用水确权到相应的管理单位,农业用水确权到农业用水户。成安县初始水权确权思路见图5-16。

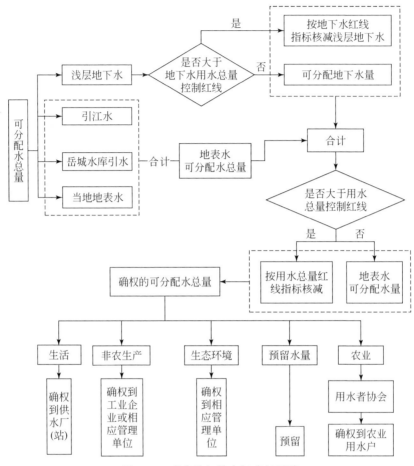

图 5-16　成安县初始水权确权思路

3. 可分配水总量确定

县域可分配水总量包括多年平均浅层地下水可开采量、2011~2013 年当地地表水年均利用量与域外调入水量和 2015 年工程条件下新增的地表水供水量。地下水取水量核定到机井，水厂供水核算到水厂出口，地表水取水量核定到扬水点或斗渠口。经过对所有水源进行合理性及可靠性分析后，成安县域内的当地地表水、引江水、引岳城水库水及浅层地下水供水量均有保证。在此基础上以"三条红线"的总量控制指标为约束，确定成安县可分配水总量为 9407 万 m³，见图 5-17。

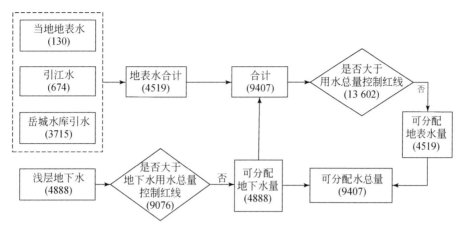

图 5-17　成安县可分配水量确定（单位：万 m³）

4. 各行业可分配水量确定

按照《办法》要求，分析生活、非农生产、生态环境近 3 年用水量平均值的合理性，核定生活、非农生产、生态环境合理用水量，并根据相关规划计算预留水量。

1）合理的生活用水量确定

合理的生活用水量包括居民生活用水和城镇公共生活用水，以人均用水量和用水人口进行核定。人均用水量以近 3 年平均值进行合理分析，且不高于《河北省用水定额》（DB13/T1161—2009）核定。

据此核定成安县现状生活用水量为 898.7 万 m³，其中城镇生活用水量为 163.3 万 m³，农村生活用水量为 735.4 万 m³，并以此作为合理的生活用水量确权。

2）合理的工业用水量确定

经过邯郸市水利局与成安县水利局，按要求对全县有取水许可证企业、取水许可证过期和无证取水的企业核定取水许可水量。经调查、分析、核定，全县工业大中小企业共计129 家，实际用水总量 439.7 万 m³，主要为纺织、电力、钢铁加工等，与产业结构相似的县市相比，处于中等偏上水平，且低于《河北省用水定额》中相关行业用水标准，现状实际用水量比较合理。所以，将核定后的工业用水总量作为全县合理的工业用水量，为439.7 万 m³。

3）合理的环境用水量确定

据统计，近 3 年成安县生态环境平均用水量为 19.8 万 m³，其中绿地用水量为5.3 万 m³，河湖补水量为 14.5 万 m³。经核算，单位面积用水量均低于《河北省用水定额》中绿地和河湖生态补水定额标准，生态环境用水处于严重欠账状态。

按照优水优用的原则，生态环境用水应优先利用非常规水。现状全县生活及工业污水排放量约 534 万 m³，污水处理厂日处理污水能力可达 5 万 t，完全有能力 100% 处理全县的污水。所以，将近 3 年生态环境用水量作为合理用水量确权，为 19.8 万 m³，增加及欠账部分用处理达标的中水满足。

4）合理的预留用水量确定

预留水量作为保证水权有效期内基本生活和生态环境需水的增长而预留的水量，根据成安县的实际，生态环境需水的增量均由再生水进行补充，故成安县的预留水量仅考虑生活需水量的增加，按照定额法进行预测，考虑人口增长和用水水平提高，预测 2017 年生活用水量，包括城镇生活和农村生活。

根据《成安县城市总体规划（2008—2020 年）》，全县有效期内人口的增长和人均用水量的增长，确定 2017 年生活需水量比现状近 3 年平均用水量新增 188.1 万 m³（表 5-27）。

表 5-27　成安县有效期内城镇生活需水增量计算结果

生活用水	现状年人口/万人	现状用水水平		人口		规划 2017 用水水平		2013~2017 年需水增量/万 m³
		用水量/万 m³	人均日用水定额/L	人口增长率/%	规划 2017 年人口/万人	用水量/万 m³	人均日用水定额/L	
城镇	5.6	163.3	79.2	5.0	6.4	214.3	60.1	51.0
农村	38.6	735.4	52.2	1.0	39.7	872.5	91.1	137.1
小计	44.2	898.7	—	1.50	46.1	1086.8	—	188.1

5）合理的农业用水量确定

全县可分配水量扣除预留水量，合理的生活、工业和生态环境用水量后的剩余水量。经计算，农业可分配水量为 7860.7 万 m³，见表 5-28。

表 5-28　成安县农业可分配水量确定

可分配水总量/万 m³	预留水量/万 m³	工业合理用水量/万 m³	生活合理用水量/万 m³	生态环境合理用水量/万 m³	农业可分配水量	
					水量/万 m³	亩均耕地分配水量/m³
9 407.0	188.1	439.7	898.7	19.8	7860.7	149.4

5. 用水户水权确权

生活用水量按人口确权到供水厂（站），工业用水量确权到企业，生态环境用水量确权到相应管理单位，农业用水量确权到农业用水户。生活、工业、生态环境用水以取水许可的形式确定各用水户的水权；农业用水以水权证的形式确定各用水户的水权；预留水权确权由水权分配方案批准机关核定。成安县用水户水权确权结果见图 5-18。

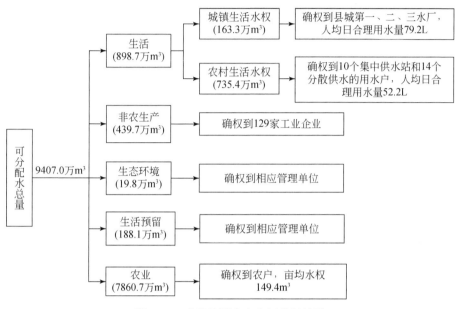

图 5-18　成安县用水户水权确权结果

1）生活用水户水权确权

生活用水量按人口确权到供水厂（站）＝现状合理的生活用水量＝现状人均合理用水量×现状用水人口。成安县现状合理的生活水权为 898.7 万 m³，其中城镇生活水权为 163.3 万 m³，按人均日合理用水量 79.2L 确权，确权到现有的第一水厂、第二水厂、第三水厂，分别为 46.4 万 m³、103.5 万 m³、13.4 万 m³；农村生活水权为 735.4 万 m³，按人均日合理用水量 52.2L，确权到现有的 10 个集中供水站；农村分散供水的用水户，待实现集中供水后再进行确权。

2）非农生产用水户水权确权

成安县非农生产用水户主要为工业用水企业，用水户水权确权到企业＝按近 3 年实际平均用水量、水平衡测试等方式核定后的企业用水量＝现状合理的企业用水量，据上分析核定，合理的工业水权为 439.7 万 m³，确权到 129 家工业企业。

3）生态环境用水户水权确权

生态环境用水量确权到相应管理单位，生态环境水权＝现状合理的用水量。据上分析核定，现状全县合理的生态环境用水权为 19.8 万 m³，确权到相应管理单位。

4）农业用水户水权确权

农业用水户水权确权到农户＝亩均耕地分配用水量×户承包耕地面积，亩均耕地分配用水量=农业可分配水量÷全县耕地面积。

经上分析确定，成安县农业可分配水量为 7860.7 万 m³，亩均耕地可分配水量为 149.4m³。农户地表水和地下水的可分配水量由当地水管组织根据区域水利工程条件、水价政策及用水户意愿，按照优先利用地表水和非常规水、合理开采地下水、用足用好外来水的原则调剂。

5.2 应用及推广

5.2.1 进度安排

以研究提出的"可以持续、严守红线，生活优先、注重生态，合理水量、留有余量，分水到户、水随地走，农业水权、非农许可，试点先行、稳步推进，可以调整、可以交易"的水权确权要点，借鉴近年来国家推行有关政策及改革的实施模式，采取"试点先行、探索路径、积累经验、逐步推广"的模式，在"十一市两直管县"逐步推进水权确权工作，逐步实现河北省范围内水权确权各行业用水户、常规水源的全覆盖，在全国范围首开水资源使用权确权登记工作的先河，有效推进了区域水资源优化配置、激发公众节水压采内生动力，为水价改革、水权交易奠定了基础。具体进度安排如下：

首先，选择代表性强、地方积极性高、工作基础好的邯郸成安和沧州东光县作为水权确权登记工作先行先试县，进行水权配置方法、确权步骤等相关关键技术研究，在此基础上边摸索示范、边总结经验。

其次，综合考虑试点的代表性、地方积极性、工作基础等，选择邱县、任县、临西县、桃城区、安平县、献县 6 县（区）作为水权确权登记工作试点，将先行先试县的成功经验进一步示范和验证。

最后，在总结试点经验的基础上，按照"先建机制、后建工程"的原则，依托各年度地下水超采综合治理试点方案确定的改革范围，逐步推进水权确权登记工作。

具体进度安排见表 5-29。

表 5-29 河北省水资源使用权确权登记工作进度安排

年度	地级市	县（市、区）	数量	合计
先行先试	邯郸市	成安县	1	2
	沧州市	东光县	1	

年度	地级市	县（市、区）	数量	合计
6 个试点	邯郸市	邱县	1	6
	邢台市	任县、临西县	2	
	衡水市	桃城区、安平县	1	
	沧州市	献县	2	
2014	衡水市	冀州市、饶阳县、深州市、武强县、阜城县、武邑县、景县、枣强县、故城县	9	41
	沧州市	新华区、运河区、青县、黄骅市（含中捷、南大港农场）、沧县、海兴县、孟村回族自治县、泊头市、南皮县、吴桥县、盐山县、河间市	12	
	邢台市	宁晋县（含大曹庄农场）、巨鹿县、南和县、平乡县、南宫市、广宗县、威县、清河县、隆尧县、柏乡县、新河县	11	
	邯郸市	临漳县、肥乡县、馆陶县、大名县、魏县、曲周县、广平县、永年县、鸡泽县	9	
2015	石家庄市	藁城区、栾城区、元氏县、高邑县、晋州市、无极县、深泽县、赵县、正定县	9	14
	沧州市	肃宁县、任丘市	2	
	邯郸市	邯郸县、磁县	2	
	辛集市	辛集市	1	
2016	石家庄市	长安区、桥西区、新华区、裕华区、鹿泉区、新乐市	6	52
	张家口市	张北县（含察北管理区）、沽源县（含塞北管理区）、尚义县、康保县	4	
	唐山市	路南区、路北区、古冶区、开平区、丰润区、丰南区（含汉沽管理区）、曹妃甸区、滦南县、乐亭县（含海港经济开发区）、玉田县、滦县	11	
	廊坊市	安次区、广阳区、霸州市、三河市、文安县、大城县、永清县、大厂回族自治县、香河县、固安县	10	
	保定市	竞秀区、莲池区、清苑区、徐水区、涿州市、高碑店市、安国市、雄县、蠡县、高阳县、安新县、定兴县、容城县、望都县、博野县	15	
	邢台市	桥东区、桥西区	2	
	邯郸市	邯山区、丛台区、复兴区	3	
	定州市	定州市	1	

年度	地级市	县（市、区）	数量	合计
2017	石家庄市	灵寿县、赞皇县、井陉县、行唐县、井陉矿区、平山县	6	48
	承德市	承德县、丰宁满族自治县、平泉市、双滦区、隆化县、围场满族蒙古族自治县、宽城满族自治县、滦平县	8	
	张家口市	万全区、怀来县、阳原县、崇礼区、怀安县、赤城县、涿鹿县、蔚县、桥东区、桥西区、宣化区、下花园区、高新技术开发区	13	
	秦皇岛市	抚宁区、海港区、北戴河新区、青龙满族自治县、卢龙县	5	
	唐山市	遵化市、迁西县、迁安市	3	
	保定市	满城区、涞源县、易县、曲阳县、顺平县、唐县	6	
	邢台市	内丘县、邢台县、沙河市	3	
	邯郸市	武安市、涉县、峰峰矿区、冀南新区	4	
2018	承德市	兴隆县	1	5
	秦皇岛市	昌黎县	1	
	保定市	涞水县、阜平县	2	
	邢台市	临城县	1	
合计				168

5.2.2 推广情况

1. 完成了水权确权登记工作

河北省163个县（市、区）按照研究提出的水权确权方法，全部完成了初始水权确权工作，实现了河北省水权确权的地域、行业、用水户、水源全覆盖。考虑到非农行业用水在水权确权之前已采用取水许可形式予以规范，故本次重点对农业水权确权结果进行分析。经统计分析，河北省农业确权水权亩均128.9m³。从行政区划来看，石家庄市亩均水权额度最高，为190.3m³，唐山市、秦皇岛市次之，分别为180.2m³和172.3m³，张家口市、廊坊市较低，分别为180.2m³和172.3m³，沧州市最低，为79.4m³；从地域分布来看，水权额度较低的县（市、区）主要集中在水资源较匮乏的坝上地区和黑龙港低平原区，如张家口市的察北管理区（34.8m³）和塞北管理区（36.0m³）、沧州市的沧县（44.2m³）和青县（44.8m³），水权额度较高的县市主要集中在山区及丘陵区，如石家庄市的平山县（335.0m³）和井陉县（262.7m³）、邯郸市的涉县（312.0m³）；从水权额度分布来看，水权额度小于等于100m³以下的县（市、区）占总数的27%，水权额度为

100～150m³的县（市、区）占总数的33%，水权额度为150～200m³的县（市、区）占总数的35%，水权额度大于200m³的县（市、区）占总数的5%（图5-19、图5-20及附表7）。

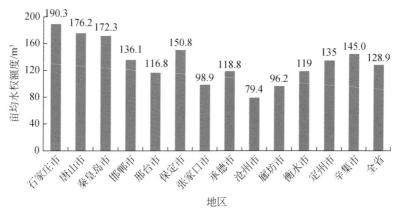

图 5-19 河北省各行政分区农业用水户水权额度示意图

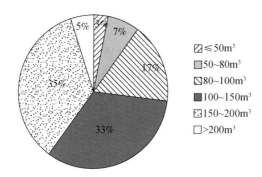

图 5-20 河北省农业用水户水权额度分布区间统计

2. 完善了初始水权配置模式

在水权确权工作由低平原区向沿海地区、坝上地区及山丘平原结合区的逐步推广过程中，出现了试点示范过程中未曾遇到的问题，如耕地面积较大（旱地占地较大，实际灌溉面积较小）导致农业用户水权过小、鱼塘用水量较大合理用水量确定方法未明确、散养畜禽用水量过大导致农村人均生活用水量超《河北省用水定额》标准等问题，就上述问题一一进行了专题研究，并征求了省、市、县水行政主管部门及其他相关部门和用水户意见，最终确定了各类问题解决方案，在此基础上区分用水行业特点、灌溉条件、水源条件等提炼了四种配置模式，即坝上地区配置模式、低平原区配置模式、沿海地区配置模式、山丘平原结合区配置模式（表5-30）。

表 5-30　河北省水权配置模式

配置过程	坝上地区配置模式	低平原区配置模式	沿海地区配置模式	山丘平原结合区配置模式
可分配水量总量	以县为分配单元，确定可分配水量总量			根据水源条件将县域分为地表水及地下水灌区两个分配单元，分别确定可分配水量总量
各行业可分配水量	包括生活（城镇生活、农村生活、畜禽）、非农生产及生态环境	包括生活（城镇生活、农村生活）、非农生产及生态环境		
农业可分配水量	将确定可分配水总量扣除合理的生活、非农生产、生态环境等用水量和预留水量后的剩余水量作为农业可分配水量			
农业亩均水权确权面积	全县灌溉耕地面积	全县耕地面积	全县灌溉耕地面积（含淡水养殖面积）	全县灌溉耕地面积

3. 构建了水权确权保障体系

为规范不同层面的水权配置，使水资源配置更合理，水权确权工作能够顺利实施，河北省从健全组织领导、完善法规制度、夯实基础设施、研究关键技术、加强公众参与等方面构建了水权保障体系，为水权改革的顺利开展提供了组织保障、政策依据及基础支撑（图 5-21）。

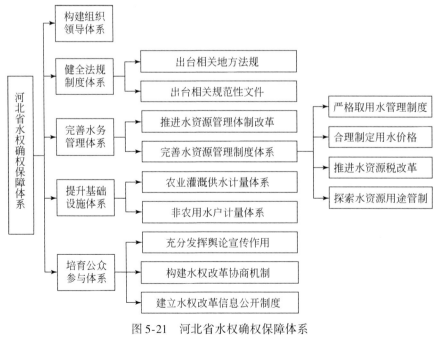

图 5-21　河北省水权确权保障体系

1）构建组织领导体系

强有力的组织领导是顺利开展水权制度改革的基础。水权制度改革涉及各行各业的切身利益，工作量大、面广，任务重，要求高，对实施地下水超采综合治理，实现水资源的可持续利用具有十分重要的意义。河北省各级政府高度重视水权制度改革工作，将其作为实施地下水超采综合治理的一项主要措施来抓。

依托各级地下水超采综合治理试点工作领导小组，成立以省、市、县政府主管领导任组长，有关职能部门负责人为成员的水权改革工作领导小组，负责省、市、县各级水权制度改革的组织协调和实施工作。围绕水权制度改革，强化目标管理，细化时间节点，逐级明确任务、逐人压实责任，做到目标明确，任务具体，责任到人，最大限度调动各方面的积极性，形成省、市、县逐级齐抓共管，合力推进的工作机制；并将水权改革工作纳入各级政府目标考核内容，实行考核问责，将考核结果向社会公布，确保工作的顺利开展。

2）健全法规制度体系

构建一套系统的水权法律法规体系，是实现河北省水资源优化配置、节约和保护，实现水权管理法制化、规范化的关键。全省坚持依法依规开展水权改革工作，通过建立完善配套制度，做到制度先行，使水权改革工作有法可依。2010 年颁布的《河北省实施〈中华人民共和国水法〉办法》，2011 年印发的《河北省实行最严格水资源管理制度实施方案》，2014 年出台的《河北省水权确权登记办法》《关于创新水价形成机制利用价格杠杆促进节约用水的意见》《河北省地下水超采综合治理试点区农业水价综合改革意见》《河北省加快完善城镇居民用水阶梯水价制度的实施意见》，2015 年出台的《河北省地下水管理条例》，2016 年出台的《关于推进农业水价综合改革的实施意见》《农业水价改革及奖补办法（试行）》《河北省农业水权交易办法》《河北省工业水权交易管理办法（试行）》，分别从取水许可管理、最严格水资源管理制度、水权确权、水价改革、地下水管理、水权交易等方面提供政策依据和制度保障。这些法规制度的出台，确保了水权制度改革有法规可依有政策可循（表 5-31）。

表 5-31 河北省水权改革政策法规建设情况

序号	名称	类型	颁发机构	颁发时间
1	《河北省实施〈中华人民共和国水法〉办法》	地方性法规	河北省人大常委会	2010 年
2	《河北省实行最严格水资源管理制度实施方案》	规范性文件	河北省人民政府办公厅	2011 年
3	《河北省水权确权登记办法》（本课题技术支撑）	规范性文件	河北省人民政府办公厅	2014 年
4	《关于创新水价形成机制利用价格杠杆促进节约用水的意见》	规范性文件	河北省人民政府	2014 年

序号	名称	类型	颁发机构	颁发时间
5	《河北省地下水超采综合治理试点区农业水价综合改革意见》	规范性文件	河北省水利厅、财政厅、农业厅、物价局	2014 年
6	《河北省加快完善城镇居民用水阶梯水价制度的实施意见》	规范性文件	河北省发展和改革委员会、河北省住房和城乡建设厅	2014 年
7	《河北省地下水管理条例》	地方性法规	河北省人大常委会	2015 年
8	《关于推进农业水价综合改革的实施意见》	规范性文件	河北省政府办公厅	2016 年
9	《农业水价改革及奖补办法（试行）》	规范性文件	河北省水利厅、财政厅、物价局	2016 年
10	《河北省农业水权交易办法》	规范性文件	河北省人民政府办公厅	2016 年
11	《河北省工业水权交易管理办法（试行）》	规范性文件	河北省人民政府办公厅	2016 年

3）完善水务管理体系

积极推进水资源管理体制改革，着力完善水资源管理制度体系，建立以水权管理为核心的省、市、县三级行政管理与民主参与式管理相结合水资源管理体制，建立以支撑水权管理为目的的水资源管理制度体系，激发水权交易的内生动力。

一是积极推进水资源管理体制改革，构建省、市、县三级行政管理与县、乡、村三级民主参与式管理相结合的水资源管理体制。省、市、县三级水行政主管部门负责管辖范围内供水、排水、节水、水资源保护利用、污水处理及回用等涉水事务的统一管理，全面负责本次水权改革工作，同时指导县、乡、村三级民主参与式管理构建的组建及水权改革相关工作的开展。农民用水合作组织是农民自我管理与政府宏观管理的一个很好的结合，是各种力量协商的一个很好的平台，对水权改革进行引导、服务、管理和监督，能有效维护农民用水者的利益。县、乡两级政府高度重视农民用水合作组织的组建工作，以国家五部委联合印发的《关于鼓励和支持农民用水合作组织创新发展的指导意见》为依据，以典型区域经验为参考，完善县、乡、村三级农民用水合作组织建设。由农民用水合作组织将水权配置到户，并负责收缴水费，调处水事纠纷，协调水量交易等工作。以此形成联动的水权改革管理组织网络。

二是着力完善水资源管理制度体系，构建以支撑水权管理为目的的水资源管理制度体系。

（1）严格取用水管理制度。依据出台的《河北省地下水管理条例》《河北省实行最严格水资源管理制度实施方案》，构建省、市、县三级用水总量控制指标红线，严格落实用水总量控制制度，尤其是地下水超采区的取用水量管理，实现宏观层面的取用水严格管理；依据出台的《河北省取水许可制度管理办法》《河北省水权确权登记办法》《河北省用水定额》及县级人民政府批复的水资源使用权分配方案，严格落实取水许可制度及水资源论证制度，实现微观层面的取用水严格管理。省、市、县各级水行政主管部门不断加强取水许可日常监督检查力度，创新监督管理方式，提高对用水户的依法管理水平。在对用水户取水许可审批时，严格按照规定确定水资源的使用权，防止蓄意投机倒把水资源的行为。

（2）合理制定用水价格。科学合理地确定与水权挂钩的各业用水价格，在充分体现水资源的商品价值的同时，有效解决了水权交易落地问题。在农业用水方面，依据出台的《农业水价综合改革实施意见》和《农业水价改革及奖补办法》，全面推行"一提一补"和"超用加价"两种改革模式，以水权额度为基础，水权内用水平价，超水权加价，实施节奖超罚。在生活用水方面，推行城镇居民生活用水阶梯价格，阶梯分三级，将不低于水权额度且确保河北省居民基本生活用水需求的水量作为第一级阶梯水量基数，第二阶梯水量基数取第一级阶梯水量基数的 1.5 倍，充分体现了改善和提高居民生活质量的合理用水需求。一、二、三阶梯水价级差为 1:1.5:3。在工业服务业用水方面，实行超额累进加价制度。由城市供水管网供水的，将水权额度作为水行政主管部门下达取用水户用水计划的依据，超额度加价；由自备井供水的，水权额度为取水许可证规定水量，超额度加价；淘汰类、限制类生产设备用水实行再加价的差别水价制度。

（3）全面推进水资源税改革。河北省作为全国唯一的水资源税改革试点省份，按照摸清底数、建章立制、规范流程、科学合理、应征尽征的思路，建立了包括确定纳税人、征税对象、税额标准、税收优惠、征收管理等为主要内容的水资源费改税基本制度。先后制定出台了《河北省水资源税实施办法》等 14 个改革试点文件，按照水资源类型、水资源条件和取水用途等，对取水户征收水资源税，为鼓励使用非常规水，取用非常规水的用水单位免征水资源税。力求通过税收刚性手段，倒逼水资源节约集约利用，倒逼水权向高效益行业及地区流转和非地下水资源利用。

（4）探索水资源用途管制。结合国家国土空间用途管制方略，积极探索和推进水用途管制，采取定量、定性的双约束，强化用水管理，促进产业结构调整，促进水生态水环境持续改善。依托省、市、县、乡四级"三条红线"控制指标体系，制订年度用水计划，对行政区域计划用水管理和水量分配方案实施监督管理制度。

4）提升基础设施体系

（1）农业灌溉供水计量体系。结合小农水重点县、现代化农业县、地下水超采综合治理等项目，严格落实专项项目管理办法，按照"一井（泵）一表、一户一卡"要求，因地制宜选择智能用水计量设施、机械水表等量水设施，截至 2017 年安装农业灌溉机井供水计量设施 12.1 万套（其中 8.0 万套智能水表），计量设施安装率约 15%。暂无条件配套计量设施的，按照《河北省农业用水以电折水计量实施细则（试行）》（冀水资〔2017〕19 号）要求，逐步配套便携式计量，通过"按电计量、以电折水"，全面实现准确计量。

（2）非农用水户计量体系。对年取水量在 1 万 m³ 以上的非农业取用水户的 2997 个取水口安装了在线自动监控设备，对年取水量 1 万 m³ 以下非农取水户采用 IC 卡或在线自动监控设备对其取水量进行监控。以推行城镇居民用水阶梯水价制度为契机，在新建居民小区推广电卡、物业卡、水卡"三卡"集成使用；在旧居民小区进行"一户一表一卡、水表出户"改造工作。实现非农用水户计量设施全覆盖。

5）培育公众参与体系

健全的公共参与机制，有利于提高公众水资源权属意识、推进公众参与水权确权改革过程，进而提升节约与保护水资源动力，为增强水权确权与交易改革助力。

一是充分发挥舆论宣传作用。充分利用电视、广播、报纸、网络等媒介，广泛宣传开展地下水超采治理的紧迫性，提高广大公众的水危机意识。采取编印宣传手册、专家讲座等办法加大宣传教育力度，采取大力培养先进典型、组织观摩学习的办法充分发挥示范引领作用，深入工厂车间、田间地头宣传水权确权的重要性，使群众普遍了解全省水情和水权改革的目的，大力增强全民水忧患意识，调动群众支持和参与水权确权登记工作的积极性、主动性和创造性，推进水权制度改革。

二是构建水权制度改革协商机制。初始水权分配从长远看，是利益分配。局部利益和整体利益的磨合是一个艰难的"讨价还价"过程。河北省水资源供需矛盾突出，初始水权分配必然会对各地区、各行业、不同社会团体当前和未来的利益产生深刻的影响，在水权改革过程中，建立了有效的水权分配协商制度，县级人民政府及其授权部门——水行政主管部门全力落实主体责任，省、市级水行政主管部门全过程监督指导，省、市、县技术专家全方位把关指导，工业、农业、生活等各行业用水户全领域积极配合参与，在遇到难题时，三方按照依法办事、平等参与、公平公开、民主集中的原则协商解决，形成了政府调控和用水户参与相结合的民主协商机制，加强了水权分配过程中的民主决策和相互谅解。

三是建立水权改革信息公开制度。包括：①采用网络平台——公共信息公开平台和传统平台——信息公开栏相关结合的公开方式，及时向社会发布水权改革、水资源用途变更等信息。如针对确权面积受土地开发、农业区划调整、落实税费面积、粮食直补等政策影响难确定问题，确权水量远小于实际用水量且远不能支持现有实际灌溉面积的难题等，加强宣传教育，广泛征求了意见，做到确权过程公开透明，确保了确权发证工作平稳推进，提高水资源管理事务透明度。②畅通投资和处理渠道，引导群众参与、强化群众监督，及时反馈与处理水权改革中出现的纠纷，切实保障公共利益与第三方利益。

5.2.3 推广效果

1. 促进了"最严管水制度"的全面落实

由《河北省实行最严格水资源管理制度考核办法的通知》和《河北省水中长期供求规划》可知，正常年份河北省 2020 年用水总量控制指标（221 亿 m³）大于可供水量（214.3 亿 m³），地下水用水总量控制指标（119.0 亿 m³）同样大于地下水可开采量（99.0 亿 m³），这是作为典型的资源型缺水省份的一个显著特点。在进行可分配水总量确定过程中，把"水资源承载能力、用水总量控制红线"作为刚性约束，取用水总量控制红线、水资源可利用量两者中的较小值作为可分配水总量。在进行工业合理用水量（水权配置量）确定过程中，把用水效率控制红线指标——万元工业增加值用水量作为不可逾越的约束条件。可以说，河北省的水权配置是基于最严格水资源管理制度的水权配置，是最严格水资源管理制度的主要内容之一，是落实最严格水资源管理制度的有力推手。河北省水权确权工作的全面推开，有效促进了最严格水资源管理制度的落实，截至 2017 年，完成水权确权工作的 163 个县（市、区），在 2017 年市级最严格水资源管理制度考核中考核等级均为合格以上。

2. 激发了节水压采的内生动力

水权改革工作的推进过程是一次对传统水资源管理制度进行革新的过程。在推进过程中，水权确权工作向各地发出了水资源危机的警示，人们已经认识到水资源的严重匮乏。这种认识随着确权工作的不断推进，已经越来越深入人心，民众的节水行为和水资源保护行为已经开始由原来的被动逐渐向主动转变。各级政府、各相关部门及各业用水户均将"节水压采"作为一项主要的工作来做，积极调整产业结构、种植结构，调整工农业生产方式，大力推行各种节水措施，节水压采内生动力得到了成功激发。

（1）全社会用水结构不断优化。水权改革工作的推进，成功激发了各级政府及相关部门的节水压采内生动力，通过经济发展方式的优化升级、节水技术的改造提升，实现了全社会用水结构不断优化。考虑数据获得情况及成效显现情况，将地下水超采综合治理试点期末（2016 年底）以前完成水权制度改革的 115 个县（市、区）中未实施地下水超采综合治理任何水利项目及农业项目的非项目区作为评价范围，对比试点实施前（2013 年底）和试点实施后（2016 年底）相关用水指标。对比分析知，总用水量、115 个县（市、区）非项目区农田灌溉用水量、工业用水量分别比试点实施前（2013 年底）减少 1.6 万 m³、1.5 万 m³ 和 1.2 万 m³，其中地下水开采量分别比试点实施前减少 6.9 万 m³、6.2 万 m³ 和 1.4 万 m³（图 5-22、图 5-23 及表 5-32）。

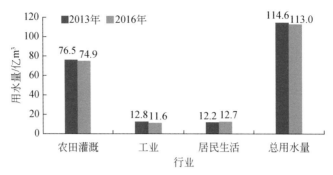

图 5-22　试点期非项目区各行业用水量变化情况

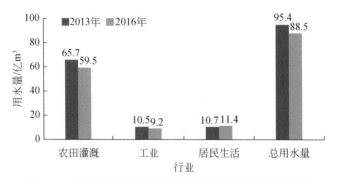

图 5-23　试点期非项目区各行业地下水开采量变化情况

表 5-32　试点期非项目区各行业用水量减少情况　　　　　单位：万 m³

分区	农田灌溉		工业		居民生活		总用水量	
	用水量小计	其中地下水	用水量小计	其中地下水	用水量小计	其中地下水	总用水量合计	其中地下水
9 市合计（含定州、辛集）	15 124	62 446	12 157	13 574	−4 671	−7 499	15 779	68 943
石家庄市（含辛集市）	5 001	4 524	−530	783	−554	−2 812	1 964	1 885
张家口市	3 355	3 596	294	206	−165	−164	2 923	3 417
唐山市	−4 179	809	2 628	1 304	−2 078	−2 658	−4 311	−1 489
廊坊市	1 349	11 079	1 840	2 325	254	438	3 731	15 822
保定市（含定州市）	10 305	11 061	1 185	1 295	−1 964	−1 962	4 251	9 752
沧州市	2 187	8 854	1 416	2 850	−466	92	1 949	11 783
衡水市	522	2 083	2 329	2 670	−24	−64	2 819	3 646
邢台市	1 381	8 728	1 230	1 230	338	337	1 733	11 338
邯郸市	−4 796	11 711	1 765	911	−12	−706	719	12 787

（2）农业种植结构调整不断优化。在目前的农业生产模式下，作物结构调整真正的主体是农民。水权到户工作的开展，激发了农民的节水压采内生动力，开始自发调整种植结构。试点期末（2016年底），地下水超采综合治理范围内115个县的非项目区，农作物、粮食作物、小麦、棉花、蔬菜播种面积分别比试点实施前（2013年底）减少311.4万亩、99.8万亩、100.9万亩、169.5万亩、43.0万亩（表5-33和图5-24）。

表5-33 试点期非项目区种植结构变化情况 单位：万亩

分区	农作物总播种面积	粮食播种面积	其中			油料播种面积	棉花播种面积	糖料播种面积	蔬菜播种面积
			小麦播种面积	玉米播种面积	大豆播种面积				
9市合计（含定州、辛集）	311.4	99.8	100.9	-51.5	-13.1	22.8	169.5	-0.2	43.0
石家庄市（含辛集市）	119.5	92.2	43.5	36.2	-0.9	10.2	12.0	0.0	6.8
唐山市	-32.3	-23.3	-7.9	-16.6	-8.5	-3.5	3.1	0.0	-4.0
邯郸市	-17.7	-26.5	-16.4	-22.8	-0.8	-0.4	21.8	0.0	-3.3
邢台市	19.9	3.9	4.8	-6.6	-0.8	-1.6	17.2	0.0	0.2
保定市（含定州市）	172.6	98.5	49.9	31.6	-3.1	20.9	14.5	0.0	41.1
张家口市	0.6	-3.6	11.5	2.5	1.3	-2.1	0.0	-0.2	0.8
沧州市	39.6	-21.6	2.4	-38.4	4.2	5.4	55.0	0.0	0.3
廊坊市	5.8	-12.1	0.4	-16.5	-3.9	-0.6	18.0	0.0	0.3
衡水市	3.4	-7.8	12.7	-21.0	-0.6	-5.5	28.0	0.0	0.8

注：正值为2016年比2013年减少的播种面积；负值为2016年比2013年增加的播种面积。

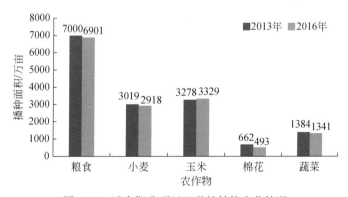

图5-24 试点期非项目区种植结构变化情况

3. 促进了水资源利用效益的提高

水权改革是为用水部门之间重新配置水资源提供的一种机制，在此基础上通过水权交易明确了用水者的责、权、利，用水者的行为能够为其带来明显的损失或收益，这就为用水者提高用水效率提供了内在的激励。通过出让、流转水权，提高水的利用价值，保证水从低价值使用（如灌溉用水）向高价值使用（如高新产业）的转让，这样不仅转让者得到了经济利益，而且使水资源能够得到充分利用，有效提高了水资源的利用效率和效益。例如：河北省农业用水占全省用水总量的70%以上，工业用水仅占13%。而实施水权流转项目前的单方水产值工业用水是农业用水的10～40倍，若从农业向工业转换水量1000万 m³，按照项目实施前工业单方水产值560.4元计算，则水资源利用毛价值将增加56亿元，可见水权改革对水资源利用效益的提高有明显的促进作用。

4. 缓解了用水户间的用水矛盾

水权确权是保障取用水户权利的需要。水权的建立，明确了"三生"（生活、生产、生态）之间、工农之间、城乡之间、上下游之间、左右岸之间、干支流之间等各用水户的初始水权，各用水户的分配水量具有了法律效应，必须依法按照水权配置结果开发利用水资源，未经许可不可擅自超限采水，超额用水。可以说，河北省水权确权依法保护了各用水户的用水权利和用水需求，消除了上游地区多采多用造成下游无水可用、农业和环境用水被挤占的现象，有效确保了用水公平，极大缓解了用水矛盾。

5. 保障了水土资源的有序开发

归属清晰、权责明确是物权保障的基本要求，也是建立自然资源资产产权制度的内在要求。改革之前，因水权不明晰，以农业为主的用水户水患意识、水权意识较弱，区域取水量虽受总水量限制，但用水户购买水量时无定额、无标准，致使用水户间用水有失公平，受益不均，耕地开垦具有一定的盲目性。通过水权配置，实现了水量分配的法制化，依法保护了各用水户的用水权利和用水需求，无计划、无定额、无标准的用水现象基本消除。群众已不再盲目开垦耕地，主动采取平整土地、畦灌、管道输水灌溉等节水技术，以实现水浇地的精耕细作，无序开发土地的现象得到有效遏制。

6. 奠定了水权交易的坚实基础

水权制度改革是实现水资源优化配置的重要手段，针对河北省用水结构不合理、低效益的农业用水量及开采地下水量占全省总量比重较大的实际，开展水权制度改革，促进水资源从低效益的农业用水向其他产业转移或回购，同时通过征收水资源税、超定额累进加价等制度，控制非农产业用水量，最终达到减少地下水开采量、实现水资源可持续利用支撑经济社会可持续发展的目的。产权清晰是交易的前提和基础，是降低交易成本的关键。只要初始产权的界定是清楚的，即使这种界定在经济上是低效率的，通过市场的水权交易可以校正这种低效率并达到资源的有效配置。可以说，水权确权是推行水权交易的前提。河北省的水权配置实现了全省常规水源、用水户的全覆盖，为行业间、跨行业、用水户间的水权交易奠定了坚实基础。

7. 助力了水价改革的全面推进

水价改革的目的之一就是要在水资源开发利用中形成以水价的经济杠杆作用促进节约用水的机制。明晰水权是水价改革开展的前提，是实现用水分级价格管理的基础。《国务院办公厅关于推进农业水价综合改革的意见》和《河北省人民政府办公厅关于推进农业水价综合改革的实施意见》都明确提出"要夯实农业水价改革的基础""建立农业水权制度"。河北省地下水超采治理区各县市不断探索和深化农业水价综合改革，以完成的水权确权工作为基础上，积极探索实施"超用加价"等符合当地实际的水价改革模式和精准奖补政策，将试点区农业水价改革稳步向前推进。2014年首先在邯郸市成安县进行先行先试，随后在邯郸市邱县，邢台市任县、临西县，沧州市献县4个试点县进行推广示范；2015年在先行先试县和试点县的基础上，陆续在邯郸市、邢台市、沧州市、石家庄市、辛集市5市44个试点县的计划项目区试行"水权确权+超水权加价+精准奖补+计量设施+三级用水合作组织"即"超用加价"农业水价综合改革集成模式；2016年，农业综合水改革范围新增张家口市、唐山市、廊坊市、保定市、定州市5市，新增52个试点县；2017年，新增秦皇岛市、承德市2市，新增44个试点县，截至2018年底河北省范围内的10个设区市和2个省管县的145个试点单元已全部推行"水权确权+超水权加价+精准奖补+计量设施+三级用水合作组织"即"超用加价"农业水价综合改革集成模式，截至2018年已实施1623万亩。河北省"超用加价"水价改革模式推广范围见表5-34。

表5-34 河北省"超用加价"水价改革模式推广范围

项目	地级市	县（市、区）	数量	合计
先行先试	邯郸市	成安县	1	1
4个试点	邯郸市	邱县	1	4
	邢台市	任县、临西县	2	
	沧州市	献县	1	

续表

项目	地级市	县（市、区）	数量	合计
2015 年度	沧州市	新华区、运河区、青县、黄骅市（含中捷、南大港农场）、沧县、海兴县、孟村回族自治县、泊头市、南皮县、吴桥县、盐山县、肃宁县、任丘市	13	44
	邢台市	宁晋县（含大曹庄农场）、巨鹿县、南和县、平乡县、南宫市、广宗县、威县、清河县、隆尧县、柏乡县	10	
	邯郸市	临漳县、肥乡县、馆陶县、大名县、魏县、曲周县、广平县、永年县、鸡泽县、邯郸县、磁县	11	
	石家庄市	藁城区、栾城区、元氏县、高邑县、晋州市、无极县、深泽县、赵县、正定县	9	
	辛集市	辛集市	1	
2016 年度	石家庄市	长安区、桥西区、新华区、裕华区、鹿泉区、新乐市	6	52
	张家口市	张北县（含察北管理区）、沽源县（含塞北管理区）、尚义县、康保县	4	
	唐山市	路南区、路北区、古冶区、开平区、丰润区、丰南区（含汉沽管理区）、曹妃甸区、滦南县、乐亭县（含海港经济开发区）、玉田县、滦县	11	
	廊坊市	安次区、广阳区、霸州市、三河市、文安县、大城县、永清县、大厂回族自治县、香河县、固安县	10	
	保定市	竞秀区、莲池区、清苑区、徐水区、涿州市、高碑店市、安国市、雄县、蠡县、高阳县、安新县、定兴县、容城县、望都县、博野县	15	
	邢台市	桥东区、桥西区	2	
	邯郸市	邯山区、丛台区、复兴区	3	
	定州市	定州市	1	
2017 年度	承德市	承德县、丰宁县、平泉市、隆化县、围场县、宽城县、滦平县	7	44
	张家口市	万全区、怀来县、阳原县、崇礼区、怀安县、赤城县、涿鹿县、蔚县、桥东区、宣化区、下花园区、高新技术开发区	12	
	秦皇岛市	抚宁区、海港区、北戴河区、青龙县、卢龙县、昌黎县	6	
	唐山市	遵化市、迁西县	2	
	保定市	满城区、涞源县、易县、曲阳县、顺平县、唐县	6	
	邢台市	内丘县、邢台县、沙河市	3	
	邯郸市	武安县、涉县、峰峰矿区、冀南新区	4	
	石家庄市	灵寿县、赞皇县、井陉县、行唐县	4	
合计			145	

注：1. 衡水市全部县（市、区）和沧州市的河间市、东光县，邢台市的新河县实施"一提一补"的农业水价综合改革模式；2. 本表推广范围以编制各县（区、市）《农业水价综合改革实施方案》及河北省水利厅农村水电处最新统计数据为主要依据。

第6章 | 结论与建议

6.1 结　论

《中华人民共和国水法》明确规定，水资源属于国家所有，单位和个人有依法对国家所有的水资源进行使用、收益的权利，即水资源使用权。河北省因水资源权属不明晰，造成一定程度的无序开采及浪费，加之水资源严重短缺，导致地下水超采严重，并严重影响了经济社会发展和生态文明建设。对河北省水资源使用权进行确权登记，明晰水权，是控制地下水超采，落实中央最严格水资源管理制度的必然选择。本书以河北省为典型区，研究提出了一套适合河北省及其他缺水地区的水权确权方法，并在全省163个县进行了示范与推广，为河北省水资源管理及地下水超采治理长效机制的构建提供了有力技术支撑。

（1）本研究从探析缓解水资源短缺有效途径角度着眼，厘清了缺水地区的初始水权配置机理，创新提出了基于水资源统一优化配置前提下的常规水资源行政配置与非常规水资源市场配置相结合的水权配置理论，为缺水地区利用水权水市场合理配置水资源探索出新的研究思路，构建了缺水地区初始水权配置理论框架。

（2）本研究从水资源承载力、最严格水资源管理、节水优先、用水安全等多因素耦合视角出发，以复杂系统理论为指导，创新构建了缺水地区基于水资源承载力的多水源多约束多层次多用户倒逼式水权配置模型，提出了适宜缺水地区的倒逼式水权确权方法。

（3）本研究从实用性、简便性、高效性出发，以提出的缺水地区的水权确权方法为基础，开发了河北省水权确权系统，实现了水权确权快速化、高效化、智能化，使本研究成果更易推广应用。

（4）本研究采取"试点先行，探索路径，积累经验，逐步推广"的模式，将研究提出的水权确权方法，在全省"十一市两直管县"逐步推广应用，在全省范围内基本实现了水权确权行业、用水户、常规水源的全覆盖，在全国范围首开水资源使用权确权登记工作的先河，有效推进了区域水资源优化配置，激发了公众节水压采内生动力，奠定了水价改革及水权交易基础。

6.2 建　　议

1. 进一步健全水价形成机制

合理的水价形成机制是市场优化配置水资源、激发节水内生动力的主要手段。河北省各行业水价改革正严格按照省政府相关要求稳步推进，但受开展时间、改革范围、公众意识、硬件设施等的制约，各业水价改革尤其是农业水价改革，还未在全省范围内实现全覆盖。建议进一步加快推行城镇居民用水阶梯水价制度，工业服务业用水超额累进加价制度，淘汰类、限制类生产设备用水差别价格制度，积极推进农业水价综合改革，建立健全反映市场供求、资源稀缺程度、生态环境损害成本和修复效益的水价形成机制，引导水权交易，激发节水压采内生动力。

2. 进一步加快水权交易步伐

建立水权交易体系，是水权制度改革的关键环节。目前河北省主要探索实施的行业内用水户间的水权交易，建议结合实际需求，进一步鼓励和引导地区间、不同行业间开展水权交易，探索多种形式的水权流转方式，积极培育水市场。要借鉴土地交易、林权交易、排污权交易等平台建设经验，研究建立覆盖全省的水权交易平台，开展水权鉴定、水权买卖、信息发布、业务咨询等综合服务，促进水权交易公开、公正、规范开展。

3. 进一步完善基础设施体系

长期以来各级政府高度重视水利建设，不断加大水利投入，各地结合当地水源、财力、公众意识等实际，形成了供水、配水（灌溉）、计量设施等形式多样的水利基础设施体系，为河北省水权制度改革奠定了良好的工程基础。

科学合理、公平公正地确权给各用水户的水权，却因供水、配水（灌溉）工程形式的不同而变得"不公平"，农业用水户水权表现的尤为明显，相同额度的水权，会出现采用地下水源和喷微灌等高效节水灌溉工程的用水户可满足用水需求、但采用地表水源和漫灌等非节水灌溉工程的用水户用水需求无法满足的情况。要扭转这种看似公平、实则"不公平"的现象，进一步优化供水工程、改造提升配水（灌溉）工程显得尤为重要；准确的计量设施，可有效提升水资源监控能力、解决水权无法量化问题。针对河北省"非农用水户计量设施基本实现全覆盖，农业灌溉用水户以电折水计量方式稳步推进"的实际，应立足现状计量方式存在的问题，进一步统筹整合现有水资源监控设施及计量设施、"四网一平台"及"以电折水"计量设施建设资金，加强水资源监控能力建设，健全用水计量和统计制度，逐步建立"线上与线下监控、实时与定时监控"相结合的计量设施体系。

4. 进一步构建纠纷仲裁体系

目前，河北省水权确权登记过程中，部分地区出现农村生活用水现状条件下除深层地下水外无其他替代水源、确权的耕地面积（二轮土地承包面积）与正在进行的土地确权面积有出入等一些实际问题。建议进一步加强分析研究，谋划对策措施，完善水权利益诉求、纠纷调处和损害赔偿机制，构建以用水者协会及公共供水机构等为协调主体、水行政主管部门为仲裁主体、司法部门为保障主体的纠纷仲裁体系，协调解决水权制度改革中出现的各种矛盾和问题。

参 考 文 献

曹卫兵.2011.湘江流域初始水权分配研究.长沙：国防科学技术大学.

曹永潇,方国华.2008.黄河流域水权分配体系研究.人民黄河,(5)：6-7,11.

陈彩虹,白峰青,王树廉.2010.邯郸市水资源管理与开发模式.南水北调与水利科技,8(2)：76-79.

陈卫,张伟,冯平.2009.天津市滨海新区初始水权分配问题研究.水利水电技术,40(12)：101-104.

成自勇,张芮,张步翀.2008.石羊河流域生态水利调控的思路与对策//中国水利学会.中国水利学会
  2008年学术年会论文集.

邓亚东,何秉宇.2012.基于多目标规划模型的新疆鄯善县水资源优化配置研究.水利科技与经济,
  18(12)：87-89.

高飞,沈香兰,张民.2012.基于ET的河北馆陶县水权分配与地下水管理.海河水利,(4)：35-37.

郭文娟.2017.山东省水市场建设的路径与对策研究.聊城：聊城大学.

郝相如.2010.拒马河水量分配方案研究.北京：清华大学.

何俊仕,李秀明,尉成海.2008.大凌河流域水量分配方法研究.人民黄河,(4)：50-51,54.

贺一梅,杨子生.2008.基于粮食安全的区域人均粮食需求量分析.全国商情(经济理论研究),(7)：
  6-8.

胡洁,徐中民,钟方雷,等.2013.张掖市水权制度问题初探.人民黄河,35(3)：36-38,42.

李刚军,李娟,李怀恩.2007.基于标度转换的模糊层次分析法在宁夏灌区水权分配中的应用.自然资源
  学报,(6)：872-879.

李磊.2006.河北省节水型社会农业节水研究——以衡水市桃城区为例.北京：中国农业大学.

刘丙军,陈晓宏,江涛.2009.基于水量水质双控制的流域水资源分配模型.水科学进展,20(4)：
  513-517.

秦东城.2012.塔里木河流域初始水权分配研究.乌鲁木齐：新疆大学.

王小军,蔡焕杰,张鑫.2008.石羊河流域初始水权分配模型研究.干旱地区农业研究,(2)：126-133,149.

王玉宝,吴普特,赵西宁,等.2010.我国农业用水结构演变态势分析.中国生态农业学报,18(2)：
  399-404.

王治.2010.保持漳河上游水事秩序持续稳定促进区域经济社会又好又快发展.海河水利,(2)：46-48.

王忠静,卢友行,申大军.2006.泉州市晋江流域水权制度建设与思考.中国水利,(21)：30-32.

谢敬芬.2005.层次分析法在行业水权分配中的应用.南水北调与水利科技,(S1)：25-28.

英若智.2003.水权制度建设与水资源配置.河北水利,(2)：13-14,30.

钟玉秀,申碧峰,等.2011.北京市水权水市场建设规划研究.北京：中国水利水电出版社.

Bennett LL. 2000. The integration of water quality into transboundary allocation agreements Lessons from the southwestern United States. Agricultural Economics，24（1）：113-125.

Brooks R，Harris E. 2008. Efficiency gains from water markets：Empirical analysis of water move in Austral-
ia. Agricultural Water Management，（95）：391-399.

Hodgson S. 2006. Modern Water Rights：Theory and Practice. Food and Agriculture Organization of the United
Nations.

Kimbrell George A. 2004. A private instream rights：Western water oasis or mirage—An examination of the legal
and practical impediments to private instream rights in Alaska. Public Land & Resources Law Review，
（24）：75.

附　录

附表 1　河北省主要用水指标同国际、国内部分地区用水指标对比

	用水指标	单位	以色列（2004 年）	全国	河北	山西	山东	河南	内蒙古
水资源概况	多年平均降水量	mm	一半以上面积不足 180	661.9	531.7	508.9	661.8	576.6	315.5
	人均水资源量	m³	不足 370	2 054.6	239.9	348.8	299.7	226.4	3 842.9
	亩均水资源量	m³	305.0	1 526.3	185.6	189.4	258.8	179.2	895.3
用水效率概况	综合	万元 GDP 用水量（现价）*	m³	19	109	68	59	40	75	109
	农业	现状耕地实际灌溉亩均用水量*	m³	381	418	238	201	195	197	314
		农田灌溉水利用系数*		0.7~0.8	0.523	0.662	0.525	0.622	0.587	0.502
		节水灌溉率	%	100.0	42.7	66.7	59.2	54.4	26.1	70.1
		单方水粮食产量*	kg/m³	2.5~3.0	1	1.2	—	1.5 以上	—	—
	工业	万元工业增加值用水量（现价）*	m³	11.7	67	19	25	12	37	30
		工业用水重复利用率	%	—	—	80	—	87	87.1	—
		再生水利用率	%	75	30	27.0	—	20.1	—	—
	生活	城镇生活人均日用水量*	L	—	212	109	130	112	148	152
		农村生活人均日用水量*	L	—	80	70	50	73	58	69
		城镇供水管网漏损率	%	—	—	18.3	—	—	—	—
		城镇节水器具普及率	%	100.0	—	25.0	—	60 左右	—	—

注：带"*"的用水指标值来源《2013 年中国水资源公报》。

附表 2　全国各行政区水资源短缺压力评价指标值

地区	水资源禀赋压力		水资源组合压力				水资源开发压力			水资源利用压力										
	A1	A2	B1	B2	B3	B4	C1	C2	C3	D1	D2	D3	D4	D5	D6	D7	D8	D9	D10	D11
北京	117.3	713.6	213.9	1 759.3	180.0	3 489.4	146.8	76.0	88.3	54.9	22.0	25.0	562.4	133.1	101.0	1.53	14	4.90	223	132
天津	99.2	220.7	691.7	2 080.3	555.8	4 367.8	163.0	200.7	150.0	23.9	7.6	52.1	657.8	57.4	83.9	1.75	8	2.18	96	87
河北	239.9	185.6	822.2	860.0	888.5	714.0	108.8	144.6	56.1	75.6	2.6	71.9	393.1	66.7	62.7	2.66	19	5.12	109	70
山西	348.8	189.4	805.8	591.5	481.6	441.7	58.3	67.1	41.0	48.9	6.1	58.4	555.0	59.2	54.0	3.25	25	5.50	130	50
内蒙古	3 842.9	895.3	170.5	53.7	134.2	77.8	19.1	63.4	11.2	48.5	1.6	72.3	828.4	70.1	55.9	2.42	30	5.20	152	69
辽宁	1 055.1	755.9	201.9	195.5	220.2	259.4	30.7	65.4	18.7	42.2	2.6	63.9	391.1	42.8	212.6	2.70	18	7.16	179	82
吉林	2 207.7	731.6	208.6	93.4	271.5	94.8	21.6	51.1	16.2	33.5	0.5	67.5	588.4	31.3	212.5	4.34	44	5.68	168	68
黑龙江	3 701.7	800.0	190.8	55.7	196.4	45.0	25.5	79.2	15.6	46.2	0.1	85.1	1 225.0	27.6	210.3	2.03	67	6.87	169	59
上海	115.9	765.0	199.5	1 779.5	189.4	3 423.7	440.0	8.8	539.9	0.1	0.1	13.2	1 260.6	76.0	296.0	0.83	111	9.02	311	131
江苏	357.1	396.7	384.7	577.8	560.8	926.1	203.4	11.5	280.5	1.6	0.1	52.3	828.0	53.0	187.2	1.30	86	6.02	223	97
浙江	1 693.9	3 232.2	47.2	121.8	36.6	179.0	21.3	5.3	21.2	1.3	0.6	46.4	514.8	73.8	608.4	0.97	36	8.44	265	116
安徽	971.2	681.3	224.0	212.4	260.1	144.3	50.5	24.7	49.7	11.3	0.6	54.8	690.3	19.2	278.1	2.13	110	11.66	207	84
福建	3 052.2	5 773.5	26.4	67.6	26.8	83.8	17.8	19.4	17.2	3.2	0.3	46.7	493.6	55.4	630.0	0.76	79	13.24	294	116
江西	3 148.9	3 358.0	45.5	65.5	69.0	44.7	18.6	12.9	18.2	3.6	0.1	66.4	1 073.6	21.4	567.4	1.28	93	11.48	234	94
山东	299.7	258.8	589.9	688.4	721.0	831.9	74.7	76.0	65.4	39.9	2.8	68.7	315.6	54.4	126.8	3.49	12	3.28	112	73
河南	226.4	179.2	851.6	911.3	1245.3	669.6	112.9	89.0	82.0	57.7	0.3	58.9	348.9	26.1	85.8	4.56	37	5.11	148	58
湖北	1 362.5	1 129.3	135.2	151.4	147.0	138.6	36.9	5.6	37.4	3.2	0.1	54.7	515.1	11.3	282.9	1.79	88	14.29	282	71
湖南	2 364.5	2 783.2	54.8	87.3	85.9	68.7	21.0	12.1	20.0	5.3	0.1	58.7	629.8	10.6	496.5	1.58	94	12.75	253	82
广东	2 126.3	5 330.1	28.6	97.0	27.0	121.9	19.6	5.6	18.9	3.6	0.4	50.5	734.0	13.5	852.0	0.73	44	9.20	295	136
广西	4 359.6	3 252.0	46.9	47.3	34.4	31.0	15.0	4.2	14.4	3.8	0.2	67.9	893.5	50.5	579.2	0.81	100	21.96	334	132
海南	5 608.3	4 601.1	33.2	36.8	17.7	27.8	8.6	5.1	8.1	7.2	0.2	74.8	427.1	28.9	985.1	0.70	69	13.86	310	98
重庆	1 597.0	1 414.2	107.9	129.2	112.4	118.4	17.7	3.9	17.3	1.9	0.1	29.3	242.0	26.8	383.1	5.55	77	8.30	230	79
四川	3 047.1	2 769.1	55.1	67.7	63.7	47.2	9.8	9.4	8.9	6.8	2.6	57.5	406.9	55.9	340.0	2.89	50	11.35	206	78
贵州	2 168.3	1 128.7	135.2	95.1	63.0	46.8	12.1	1.4	11.9	2.1	0.1	52.5	468.2	32.8	287.2	2.24	101	14.36	229	62

续表

地区	水资源禀赋压力		水资源组合压力				水资源开发压力							水资源利用压力						
	A1	A2	B1	B2	B3	B4	C1	C2	C3	D1	D2	D3	D4	D5	D6	D7	D8	D9	D10	D11
云南	3 641.7	1 873.8	81.5	56.7	49.6	30.5	8.8	2.5	8.4	3.2	0.8	68.6	541.9	38.4	296.3	2.01	67	9.68	194	72
西藏	141 510.7	81 410.4	1.9	1.5	1.0	0.8	0.7	1.7	0.6	11.6	0.1	91.1	3 179.7	26.7	244.4	0.49	272	9.23	207	54
陕西	940.0	582.3	262.1	219.5	159.6	201.3	25.2	60.0	16.5	37.6	1.2	65.1	380.7	68.2	114.6	2.45	18	4.79	140	78
甘肃	1 041.4	384.8	396.7	198.1	196.7	103.4	45.4	69.4	34.7	24.1	1.3	81.4	1 128.5	61.3	44.3	1.26	59	11.52	153	37
青海	11 173.6	7 930.7	19.2	18.5	7.4	14.4	4.4	3.9	3.9	13.5	0.4	80.9	1 098.3	56.9	60.1	0.62	30	13.50	180	40
宁夏	174.3	68.6	2 223.4	1 183.9	1 521.3	998.5	632.5	41.7	698.9	7.8	0.3	88.1	2 856.5	37.2	14.7	0.65	53	3.96	106	28
新疆	4 222.1	1 545.2	98.8	48.9	66.9	38.8	61.5	48.8	52.1	19.5	0.2	94.8	3 798.3	65.9	39.0	0.32	42	13.95	244	60

注：暂不含港澳台地区数据。

附表3 河北省各地市水资源短缺压力评价指标值

地区	水资源禀赋压力		水资源组合压力				水资源开发压力							水资源利用压力						
	A1	A2	B1	B2	B3	B4	C1	C2	C3	D1	D2	D3	D4	D5	D6	D7	D8	D9	D10	D11
邯郸市	166.5	153.1	1.4	167.6	1.8	1.4	126.77	61.29	4.30	73.7	0.2	71.2	354.9	61.3	85.9	4.3	19.5	1.2	67.3	60.8
邢台市	202.4	138.8	1.5	137.9	1.6	1.5	119.41	49.50	3.66	79.6	1.1	73.7	504.8	49.5	78.2	3.7	22.6	1.6	64.7	64.9
石家庄市	201.5	242.3	0.9	138.5	1.4	0.9	148.39	84.99	2.87	77.5	2.8	72.2	435.1	85.0	100.2	2.9	13.0	3.5	84.6	75.8
保定市	265.2	249.7	0.8	105.2	1.1	0.8	96.73	62.40	3.00	90.2	0.9	80.1	485.0	62.4	91.3	3.0	18.4	5.0	56.0	64.3
衡水市	154.5	79.7	2.6	180.7	2.8	2.6	230.21	71.91	2.91	84.2	0.7	84.8	790.3	71.9	51.5	2.9	26.0	3.0	45.3	48.2
沧州市	184.0	113.6	1.8	151.7	1.8	1.8	103.61	80.51	5.44	72.9	3.0	69.8	310.8	80.5	63.8	5.4	14.6	1.2	53.2	69.1
廊坊市	177.9	147.2	1.4	156.9	1.1	1.4	129.20	70.14	3.20	78.4	5.1	64.2	331.3	70.1	82.4	3.2	16.8	3.7	82.1	90.7
唐山市	313.4	286.6	0.7	89.1	0.7	0.7	106.13	55.23	2.15	64.6	2.3	61.7	286.3	55.2	120.3	2.2	16.8	5.5	81.4	105.0
秦皇岛市	550.7	583.2	0.4	50.7	0.3	0.4	51.79	61.52	1.71	56.9	1.0	66.5	339.7	61.5	144.3	1.7	34.9	5.5	93.9	84.5
张家口市	431.9	138.6	1.5	64.6	0.4	1.5	53.04	69.44	2.36	71.1	1.7	74.6	320.3	69.4	34.4	2.4	27.9	2.2	60.2	59.8
承德市	993.1	577.5	0.4	28.1	0.2	0.4	26.17	83.01	2.81	58.2	1.6	63.9	277.3	83.0	58.8	2.8	34.3	5.7	88.3	65.4

附表 4　河北省 2016～2020 年生活（含公共）节水潜力计算（常规节水水平）

改造供水管网节水能力计算

类别	分区	节水能力计算基准值 2015年城镇生活供水量/亿m³	2015年 供水管网普及率/%	2015年 供水管网长度/km	2015年 需改造供水管网长度/km	2015年 供水管网漏损率/%	2015年 供水管网漏损量/亿m³	实施内容(2016～2020年) 新建供水管网长度/km	实施内容(2016～2020年) 改造供水管网长度/km	2020年 供水管网普及率/%	2020年 供水管网长度/km	2020年 需改造供水管网长度/km	2020年 供水管网漏损率/%	2020年 供水管网漏损量/亿m³	2016～2020年 节水潜力/亿m³
改造供水管网节水能力计算	设市城市	10.2	95	15 296	1 835	12.0	1.2	805	386	100	16 101	1 449	9.0	0.9	0.31
	县城	5.0	85	14 620	2 193	15.0	0.7	860	181	90	15 480	2 012	13.0	0.6	0.10
	建制镇	0.9	75	9 071	1 633	18.0	0.2	605	85	80	9 676	1 548	16.0	0.1	0.02
	小计	16.1	85	38 987	5 661	14.5	2.1	2 270	652	90	41 257	5 009	12.1	1.6	0.43

普及节水器具节水能力计算

类别	分项	2015年人口/万人	2015年 节水器具普及率/%	2015年 预计安装节水器具数量/万套	2015年 累计安装节水器具数量/万套	实施内容(2016～2020年) 新增节水器具数量/万套	2020年 人口/万人	2020年 应安装节水器具数量/万套	2020年 累计安装节水器具数量/万套	2020年 节水器具普及率/%	2016～2020年 节水潜力/亿m³
普及节水器具节水能力计算	城镇生活与公共	4 100	30	1 119	336	494	4 424	1 277	830	65	1.68
	农村生活	3 430	16	1 018	163	116	3 203	931	279	30	—
	小计	7 530	23	2 137	499	610	7 627	2 208	1 109	50	1.68

全省生活（含公共）节水能力　2.1

注：需改造管网为超年限使用或劣质材料管网，即年限超过 50 年和使用灰铸铁管、石棉水泥管等劣质管材的供水管网。另由于农村生活用水水平较低，故本次生活及公共节水能力计算过程中未考虑农村生活节水能力。